"每天学点心理学"丛书

U0621916

YING-YOU'ER
XINLI JIANKANG ZHISHI SHOUCE

婴幼儿心理健康

知识手册

《"每天学点心理学"丛书》编写组

编著

江西教育出版社
JIANGXI EDUCATION PUBLISHING HOUSE

·南 昌·

赣版权登字-02-2024-447
版权所有 侵权必究

图书在版编目（CIP）数据

婴幼儿心理健康知识手册 / "每天学点心理学"丛
书编写组编著. -- 南昌：江西教育出版社，2024.12
（每天学点心理学）
ISBN 978-7-5705-4228-4

Ⅰ.①婴… Ⅱ.①每… Ⅲ.①婴幼儿心理学—心理健
康—手册 Ⅳ.①B844.11-62

中国国家版本馆CIP数据核字(2024)第041461号

婴幼儿心理健康知识手册
YING-YOU'ER XINLI JIANKANG ZHISHI SHOUCE

《"每天学点心理学"丛书》编写组　编著

江西教育出版社出版
（南昌市学府大道299号　邮编：330038）

各地新华书店经销
江西千叶彩印有限公司印刷
787毫米×1092毫米　　16开本　　14.75印张　　260千字
2024年12月第1版　　　2024年12月第1次印刷

ISBN 978-7-5705-4228-4
定价：36.00元

赣教版图书如有印装质量问题，请向我社调换　电话：0791-86710427
总编室电话：0791-86705643　　　编辑部电话：0791-86700573
投稿邮箱：JXJYCBS@163.com　　网址：http://www.jxeph.com

编 委 会

主　　任：罗小云

副 主 任：黄加文　龚建平　黄文辉　汪立夏

　　　　　姜　辉　鲁　伟　罗　华　毛保国

编 写 组

组　　长：董圣鸿

执行组长：王敬群

成　　员：刘玲玲　白素英　刘　灵　罗　岚

　　　　　严云芬　刘小霞

·序·

  国家强盛需要健康而强大的国民心态。提升全民心理健康素养，是推进健康中国建设、平安中国建设和精神文明建设的重大时代课题。党的二十大以来，党和国家对心理健康事业作出一系列战略部署，强调要重视心理健康和精神卫生工作，并将其摆在经济社会发展大局的重要位置来谋划推进。

  学习、掌握科学的心理健康知识，成为广大人民群众愈加强烈的意愿。生活中，人们经常面对各类心理问题，却不知如何应对与化解。诸如，"经常心情不佳，要如何处理？""孩子有厌学情绪，怎么办？""婆媳关系难处理，怎么解决？""职场'内卷'压力大，该如何化解？"……面对这些心理困惑，一套贴近民众生活的心理健康知识手册，有助于廓清心灵迷雾、洞察现象本质、找寻应对良方。

  人民的需求就是工作的努力方向。江西省平安建设领导小组办公室联合江西师范大学，组织江西省社会心理服务体系建设研究中心专家和高校学者，精心编写了这套共10册的"每天学点心理学"丛书，涉及婴幼儿、小学生、初中生、高中生、大学生、教师、中老年人等多个群体。丛书编写始终坚持科学严谨、实用易懂的导向，每本书都精心挑选了各群体日常生活中可能面临的典型心理健康问题，运用专业理论知识分析阐释，让读者能够轻松理解和运用相关知识，一定程度上帮助读者解决问题、改善心理状态；同时，这套丛书也为从事心理健康工作的人员提供了实用的辅导读本，增强他们从事心理工作的实际本领，培育自尊自信、理性平和、积极向上的社会心态。

坚持"每天学点心理学"，阳光快乐每一天！

《"每天学点心理学"丛书》编写组

当前国家对心理科普十分重视，同时随着时代的发展、科技的进步及人民生活水平的提高，广大年轻父母也对科学抚育婴幼儿的知识有了更多的需求。

家庭是婴幼儿生命中接触的第一个成长环境。家庭结构、家庭关系、家长的素养及对婴幼儿的教养方式，都会给他们的心灵烙上深刻的"印记"，婴幼儿成长的早期经验对其心理健康的影响特别重要。

本书抓住婴幼儿成长发展各阶段的特点及当前家庭教育的热点、重点和难点问题，运用正面管教的理念，理论联系实际，是一本通俗又深刻、有理论深度又具有亲和力的心理学科普读物。经典的心理学理论结合生动典型的案例，让不同年龄不同层次的新手宝爸宝妈都能各取所需、各有所悟。"真佛只说家常话"，真理的开悟启迪，无须烦琐的文字游戏。此书的每一个案例故事，每一段理论解读，都显得如家常话般平实亲切却又字字入理。此书蕴含着隽永清新的道理，字里行间传递着作者对每一位宝宝和新手爸妈的殷切祝福和期盼。没有令人望而生畏的理论阐释，也没有庞杂纷繁的经验说教，一个个生动典型的小故事，就像发生在我们的生活里。作者就像与读者平起平坐又和蔼可亲的智者，将生命的顿悟和生活的智慧娓娓道来。

我真诚地希望广大读者，尤其是年轻父母，来读一读这本难得的好书。

西南大学　沈伊默

目录

第五篇
性格培育
与性启蒙篇

177

不要！

第一篇
总纲

　　婴幼儿期（0—6岁）是儿童生理及心理发展最为迅速的时期。婴幼儿期包括两大阶段——婴儿期及幼儿期，这两个阶段是儿童人生发展的关键期，更是人生的奠基期，其生理及心理发展的水平和质量对儿童期、青少年期乃至一生都具有重要的、长远的影响。因此成人要了解这一时期儿童的发展特点，了解这一时期儿童心理健康的标志，掌握这一时期正确的教育方法，真正做到因材施教，促进婴幼儿健康和谐发展。

婴幼儿心理发展的特点及其心理健康的标志

（一）婴儿心理发展的特点及其心理健康的标志

婴儿期是指个体0—3岁的时期。这一阶段儿童心理的进步是极为明显的，婴儿从嗷嗷待哺的个体成长为可以开口表达自己需要、能独立行动、有独立意识的个体，变化之快甚至可以按天计算。作为父母，应该了解这一阶段的儿童的心理发展特点及心理健康标志。

1. 婴儿心理发展的特点

婴儿的心理是在婴儿不断接受外界刺激和大脑皮质的分析综合机能逐渐完善的基础上发展起来的。在出生后的第一年中，他们的感觉有相当程度的发展，知觉逐渐产生，并且有初步识记能力和智力活动，情绪反应也逐渐发展起来。在此基础上，其心理活动发生了质的变化，即心理过程开始具有自觉性和随意性。

（1）婴儿的感知觉和注意力发展的特点

婴儿的感知觉发展是在摆弄玩具以及使用其他物体的过程中形成的。在摆弄和使用各种物体的过程中，婴儿逐渐能区分物体的各个部分，熟悉物体的各种属性，形成对该事物的整体认识。婴儿知觉的目的性较差，他们不能使自己的知觉服从于既定的目的和任务，常常凭兴趣而行。例如，一个两三岁的婴儿，冬天看到遍地积雪，他感知到雪是冰凉的，但他却偏要兴高采烈地玩雪。

婴儿的注意大多是无意的注意，他们更多依赖刺激物的特点，如新奇的、有趣的事物更容易吸引他们的注意。随着年龄的增长，婴儿的注意力逐渐趋于稳定，可以专心地进行当前的活动，如他们可以长时间玩玩具。针对这一特点，父母可以提供一些新奇的、有趣的玩具让婴儿自己玩，但注意，同一时间不宜提供多种玩具，否则，容易引起婴儿注意力分散。

（2）婴儿思维的特点

婴儿思维具有两个明显的特征：第一，直觉行动性，即婴儿的思维活动是在对物体的感知和自身的行动中进行的，他们不会想好了再行动，是边行动边思考，行动停止，相关的思维也停止；第二，概括的水平很低，即婴儿对一类事物的概括性认识，只局限于他们在现实生活中所能接触到的熟悉的同类事物，因此概括的范围非常狭窄。此外，其概括更多是根据事物的外部特征，而不是事物的本质属性进行的。

（3）婴儿情绪和情感发展的特点

婴儿的情绪具有明显的社会性并开始进一步分化。分化表现为两极：积极情绪和消极情绪。婴儿也开始有情感体验，如同情心：对故事中的大灰狼表示愤怒，对小白兔表示怜悯等。随着言语机能的发展，婴儿对美、丑、好、坏有了一定的辨别能力，萌发了人类高级的社会情感。

（4）婴儿自我意识发展的特点

新生儿和早期的乳儿还不能认识自己的存在，他们吮吸自己的手就像吮吸奶嘴一样，在与外界事物的接触和相互作用中才逐渐分清自身和外物的区别，逐渐认识到自身是一个独立的个体，有了自我感觉，掌握代词"我"是婴儿自我意识萌芽的最重要标志。婴儿自我意识突出表现为"闹独立"和"爱做事"。

婴儿学会独立行走后，会变得非常好动，他们喜欢模仿成人做事，但常常想做却做不好，因而"不许""别动"成了大人们对他们使用最多的口头禅。对"爱做事"的婴儿，成人不应责备他们，更不应禁止他们"做事"。"爱做事"是儿童在探索、在学习、在了解自己的力量。如果一味打击他们的探索活动，会泯灭他们的求知欲，扼杀他们正在萌发的自信心。求知欲和自信心缺失，可能成为他们将来学习活动的重大障碍。

"闹独立"是儿童自我意识发展的突出表现。1岁多的儿童已经产生了独立的需要，如学会走路之后，外出时不要成人抱，吃饭时不要别人喂；2岁左右，儿童独立行动的愿望更加强烈，表现为固执、不听从成人的吩咐。这时，父母对待儿童发展独立性的需要既不能一味满足，也不能过多限制。一味满足，容易导致儿童形成任性和执拗的性格；过多限制，会挫伤儿童的自尊心，从而使儿童变得驯服和依赖，缺乏自立能力。

2. 婴儿心理健康的标志

婴儿心理健康的标志具体参见下表：

表1　婴儿心理健康标志表

时间/年龄	心理健康标志
1个月	出现微笑。
2个月	会发"咿呀"的喉音，眼能随物转动，头能转向有声音的方向，手能拿住物品。
3个月	逗引时能发出笑声，会试着用手抓东西，俯卧或竖抱时能抬头片刻。
4个月	牙牙学语；俯卧时能用肘支持着抬起前胸，可由仰卧位转向侧卧位；哺喂时双手能扶住奶瓶；能较久地玩弄挂在胸前的玩具。
5个月	长时间拉长声发喉音，认识亲近的人，能拿着东西往嘴里放，可以从仰卧位翻向俯卧位。
6个月	对不同的声音表示不同的反应；能抓握悬挂的玩具；会翻身，从俯卧位翻向仰卧位。
7个月	开始发出"爸""妈"等音节，能自己吃饼干，会摇发声玩具，会爬。
8个月	能用眼睛找所问的东西；能模仿成人发音；能长时间玩弄玩具，观赏玩具和用玩具互相敲击。
9个月	能对简单语言做回答性动作，如对他/她说"再见"会招手，对他/她说"谢谢"会点头；能抓住栏杆站起来；能挑选自己喜欢的玩具。

10个月	会模仿叫"爸爸""妈妈"，认识常见的人和物，能够独站片刻，牵手能走几步，能从成人拿着的碗里喝水。
11个月	能理解简单的词义，如"灯""吃饭"，能指出身体的某些部位。
12个月	能执行简单的任务，会独走数步，会用碗喝水。
1岁—1岁3个月	会主动叫"爸爸""妈妈"，会独立行走，能蹲下，会搭起数块积木。
1岁3个月—1岁半	认识简单图片；会说简单的词，如"再见""给我""不要"等，会扶着栏杆上下小滑梯。
1岁半—2岁	会说出3到4个字构成的句子，见不同的人会打招呼，知道某些常见物品的用途；会自己擦鼻涕，逐渐会用勺吃饭；在成人启发下会用积木搭成简单的形状，能上下台阶，认识颜色，能握笔随意画。
2岁—2岁半	能说明一件简单的事情，会朗诵简单的儿歌，能唱简单的歌曲；会模仿成人简单的动作，会跑，会双脚离地跳，会拣豆子，会自己洗手、脸，认识自己的茶杯、毛巾，有时会自主要求上厕所。
2岁半—3岁	能用语言表达自己的要求，会讲简单故事的情节，能手口一致对物数1到5，认识方形、圆形、三角形，能区别红、黄、蓝、绿等常见的颜色；会走平衡木，会双脚向前跳，会握笔画横竖线，会解及扣衣服的纽扣，脱袜子、裤子；懂得饭前洗手，学会自己去坐盆。

（二）幼儿心理发展的特点及其心理健康的标志

幼儿期通常是指个体3—6岁的时期。这一阶段幼儿生长速度减慢，但活动范围增大，接触的社会事务增多，语言、思维和社交能力有明显发展。但由于缺乏对危险事物的识别能力和自我保护能力，易发生意外伤害。这一时期的重点在于培养其良好的习惯，预防传染病和意外事故发生。

1. 幼儿心理发展的特点

（1）幼儿早期（3—4岁）的心理特点

3岁是幼儿的转折年龄，幼儿离开父母步入幼儿园，开始集体生活。这个变化比较大，幼儿要有一个适应过程。而适应的关键是幼儿与教师、幼儿与同学建立积极的情感，如果成功建立了这种情感，幼儿园对幼儿就极有吸引力了，否则，幼儿可不愿到幼儿园去，即使去了，也不愉快，甚至变得胆小、固执，或者神经质、不合群。所以家长及老师要了解这一阶段幼儿的特点，小班年龄段的幼儿的心理特点是：

第一，行为具有强烈的情绪性。小班幼儿的行动常常受情绪支配，而不受理智支配，年龄越小这一特点越突出。小班幼儿情绪性强的特点表现在多方面——高兴时听话，不高兴时说什么也不听；情绪很不稳定，很容易受外界环境的影响，如看见别的幼儿哭了，自己也莫名其妙地哭起来，老师拿来新玩具，马上又破涕为笑。针对有入园焦虑的新生，有经验的老师常用的方法是一边用亲切的态度对待幼儿，稳定幼儿的情绪；一边用新鲜事物（如新奇的玩具、幼儿喜爱的小动物玩偶等）吸引幼儿注意，转移幼儿的不良情绪。

第二，爱模仿。小班幼儿的独立性差，爱模仿别人。看见别人玩什么，自己也想玩什么，所以小班玩具的种类不必很多，但同种类的玩具要多准备几套。基于这一特点，在教育工作中，老师要多为幼儿树立正面榜样。比如，需要儿童集中注意力时，可以说："看某某小朋友学习多认真，小眼睛一个劲儿地看着老师呢！"其他小朋友也会跟着学。教师常常是幼儿模仿的对象，因此，应该时刻注意自己的言行举止，为幼儿做好示范。

第三，思维仍带有直觉行动性。思维依靠动作进行，是婴儿的典型特点，小班儿童仍然保留这个特点。让他们说出有几块积木，他们必须用手一块一块地数才能弄清，他们不会像大一些的幼儿那样在心里默数。因此，幼儿学习常常需要亲自操作，他们不会计划自己的行动，只能是先做后想，或者边做边想。比如，幼儿在捏橡皮泥之前往往说不出自己要捏成什么，而常常是在捏好后看着它像什么就说捏的是什么。小班儿童的思维具体、表面，他们不会进行复杂的分析综合，只能从表面去理解事物。因此，对小班幼儿更要注意正面教育，讲反话常达不到效果。例如，如果你对幼儿说"再哭我就不给你买了"，他／她的哭声会更大，因为他／她只注意到"不给你买"的信息。

（2）幼儿中期（4—5岁）的心理特点

中班幼儿已经适应了幼儿园的生活，加上身心各方面的发展，显得非常活泼好动。与小班幼儿相比，中班幼儿有以下比较突出的特点：

第一，爱玩、会玩。儿童都喜欢游戏，但小班幼儿爱玩却不大会玩。中班幼儿处于典型的游戏年龄阶段，这一阶段是角色游戏的高峰期。中班幼儿已能计划游戏的内容和情节，会自己安排角色。游戏该怎么玩，有什么规则，不遵守规则应怎么处理，幼儿之间基本都能商量解决。

第二，思维具体形象。中班儿童较少依靠行动来思维，但是思维过程还必须依靠实物的形象作为支柱。譬如，他们知道了3个苹果加2个苹果是5个苹果，但还不理解"3加2等于几？"的抽象含义。中班儿童常常根据自己的具体生活经验来理解成人的语言，常常认为"儿子"一词的意思就是"小孩"。当他们听说爸爸是爷爷的儿子时，常常感到不可思议："这么大，还是儿子吗？"教师为了使自己说的话能让儿童明白，必须注意符合儿童的理解水平和经验，尽量用形象的解释来帮助儿童理解新词。如告诉孩子"笔直"一词，可以竖起一支铅笔，像铅笔一样直，这样他们就能理解并牢牢记住。

第三，开始接受任务。4岁以后幼儿之所以能够接受任务，和他们思维的概括性和心理活动的有意性发展有密切关系。由于思维的发展，他们的理解力增强，能够理解任务的意义；由于心理活动有意性的发展，幼儿行为的目的性、方向性和控制性都有所提高。这些都是他们接受任务的重要条件。

（3）幼儿晚期（5—6岁）的心理特点

第一，好学、好问。大班幼儿的好奇心首先表现在对事物本身的兴趣上，他们不仅会问"是什么"，还会问"为什么"。问题的范围也很广，上至天文下至地理。好学、好问是求知欲的表现，正因为他们有强烈的求知欲，所以这个年龄的幼儿特别喜欢把一些物体拆开，看看里面有些什么，探究物体为什么会动、为什么会发出声音。家长及教师都应该保护儿童的求知欲，不应该因嫌麻烦而拒绝回答幼儿的提问，对类似拆坏玩具的行为也不要简单地训斥，而应该加以正面引导，一面耐心讲道理，一面向儿童介绍一些简单的机械原理，满足他们渴求知识的愿望。

第二，抽象概括能力开始发展。大班幼儿的思维仍然是具体形象的，但抽象的概括性思维开始萌芽。如他们已开始掌握"左""右"等比较抽象的概念，能对熟悉的物体进行简单的分类；也能初步理解事物的因果关系，如针是铁做的，所以沉到水底下去了；火柴棒是木头做的，所以能浮上来。基于这一特点，成人应该引导他们去发现事物间的各种内在联系，促进儿童抽象概括能力的发展。

第三，个性初具雏形。大班幼儿初步形成了比较稳定的心理特征。他们开始能够控制自己，做事显得比较有"主见"。对人、对己、对事开始有了相对稳定的态度和行为方式。有的热情大方，有的胆小害羞，有的活泼，有的文静，有的自尊心很强，有的有强烈的责任感。成人对儿童进行教育时，应该针对幼儿个性特点长善救失、因材施教，促进幼儿全面健康发展。

第四，开始掌握认知方法。5—6岁幼儿会出现有意地自觉控制和调节自己心理活动的行为，在认知活动方面，无论是观察、注意、记忆过程，还是思维和想象过程，幼儿都掌握了一定的方法。如5—6岁幼儿能够采取各种方法使自己不分散注意，在意志行动中也往往采用各种方法控制自己服务当前活动。

2. 幼儿心理健康的标志

幼儿心理健康主要有以下几个标志：

（1）智力发展正常

一般来说，智力是指以思维力为核心，包括观察力、注意力、记忆力、思维力和想象力在内的各种认知能力的总和。拥有正常的智力水平是幼儿与周围环境保持平衡和协调的基本条件，是心理健康的首要标志。幼儿的智力水平是有差异的，只要基本符合该年龄段的智力发展水平就属于正常。幼儿智力发展正常的具体表现为：活动中注意力集中、记忆力正常；求知欲强，爱动脑，想象力丰富；语言表达能力与同龄人相符，无口吃情况；乐于自己做生活中力所能及的事，而不过分依赖别人的帮助；能够比较认真地完成别人委托的事情。

（2）情绪健康，反应适度

情绪是个体对客观事物的内心体验，既是一种心理过程，又是心理活动赖以进行的背景，表现为喜、怒、哀、乐等形式。幼儿情绪是否稳定，情绪反应是否适度，是其心理是否健康的直接表现。学前儿童情绪处于积极稳定状态的表现为：对环境中的各种刺激能表现出与其年龄相符的适度反应；能经常保持愉快、开朗、自信、满足的心情，活动效率高；对生活充满希望，善于从生活中寻求乐趣；具有调节控制自己的情绪以及让其与周围环境保持动态平衡的能力；能合理地宣泄不良情绪。学前儿童的情绪长期处于消极状态，容易对性格产生消极影响，具体表现为：沉默，不喜欢与人交流；淡漠，对周围的事物不感兴趣；易怒，情绪波动大。

（3）乐于与人交往，人际关系融洽

幼儿的交往活动是维持心理健康的重要条件，也是他们获得心理健康不可缺少的途径。学前儿童的人际关系比较简单，人际交往的技能也有所欠缺，但是，与他人的交往，能够表现出其心理健康状况。心理健康的儿童乐于与人交往，善于理解别人，接受别人，容易被别人理解和接受，善于与别人合作和共享，尊重别人的意见，以慷慨和宽容的态度待人。心理不健康的儿童对人斤斤计较，不能宽容，对人漠不关心，无同情心，沉默寡言，性情孤僻，不能与人合作，容易冒犯别人。

（4）思想与行为和谐统一

幼儿的思想与行为和谐统一是指其行为反应的水平与其感受到的刺激程度相适应。幼儿的思想与行为和谐统一是其心理健康的行为表现，心理健康的幼儿能保证心理活动和行为方式基本处于协调统一的状态，具体表现为：思维有条理，主动注意时间逐渐延长；能较好地控制自己的行为，没有不良行为、不良习惯和不良嗜好；表达情感的方式合理和成熟。心理不健康的幼儿则表现为思维混乱，语言不符合逻辑；注意力分散，做事三心二意；行为

上经常前后矛盾，行为反应变化无常；缺乏自控力和自我调节的能力。

（5）性格良好

性格是个性最核心、最本质的表现，幼儿的性格是他们在与周围环境的相互作用中逐渐形成的。虽然幼儿的性格还没稳定，但其基本性格倾向已经形成。心理健康的幼儿具有热情、勇敢、自信、主动、谦虚、慷慨、诚实等性格特征，对自己、对别人和现实环境的态度和行为方式比较符合社会规范。心理不健康的儿童表现出冷漠、自卑、懒惰、孤僻、胆怯、执拗、依赖、吝啬等性格特征，与别人和现实环境的关系经常处于不协调状态。

父母的教养方式、教育方法及隔代养育方法

（一）父母的教养方式

父母对婴幼儿的教养方式一般分为权威型、放纵型、民主型和忽视型四种。

权威型教养风格的父母在孩子的教育中表现得支配感过强，孩子的一切由父母来控制，父母对孩子的教育过分严厉，甚至有虐待行为。这种父母秉持"棍棒之下出孝子"的教育信条，在这种环境下长大的孩子容易形成消极、被动、依赖、服从、懦弱的性格，做事缺乏主动性，或产生恐惧、焦虑、敌意心理，也容易发生逆反、攻击和冲动行为。

放纵型教养风格的父母对孩子溺爱，使得孩子随心所欲。在这种家庭环境中成长的孩子多表现为任性、幼稚、放纵骄横、自私自利、独立性差、唯我独尊、蛮横无理、道德观念薄弱、缺乏行为准则和规范等。这类孩子很容易出现社会适应障碍。

民主型父母与孩子共同营造出一种平等和谐的家庭氛围，父母尊重孩子，给孩子一定的自主权和积极正确的指导。父母的这种教育方式使孩子能形成一些积极的人格品质，如活泼、快乐、直爽、自立、彬彬有礼、善于交往、善于合作、思想活跃等。

忽视型父母对孩子不是很关心，他们不会对孩子提出要求，不会对孩子的行为进行控制，同时也不会对其表现出爱和期待。对于孩子，他们只是提供食宿和衣物等物质支持，而不会关注孩子的内心需求，提供精神支持。"小时候交给保姆或祖父母，上学了交给老师，长大了交给社会。"这类父母存在着典型的角色缺失问题，他们或性格内向，或缺乏权威意识和责任感。这种

家庭环境下成长起来的儿童往往对事情缺乏责任心、行为放纵、规则意识弱，自我控制能力普遍较差。

以上四种类型的教养方式是比较典型的，但在现实中，有些家庭的教养方式属于中间型，整体而言，在孩子小的时候，家长应该多给予其爱和关怀，并且应在这时更多地控制孩子的不良行为。当孩子长大一些的时候，家长应及时听取孩子的想法，对于孩子自己的事情，要多和孩子商量，并共同制定合适的解决方案。

（二）家庭教育的基本方法

1. 榜样示范法

榜样示范法是以家长和他人的好思想、好行为教育和影响孩子的一种形象、具体、生动的教育方法。如把书籍和影视作品中的正面角色作为榜样，用孩子能够听懂、理解的话讲出来："你看看小鸭子多勇敢呀！虽然它很害怕，但它还是鼓起勇气去保护自己，赶走了老狼。"苏联教育学家苏霍姆林斯基说："在一个家庭里，只有父亲自己能教育自己时，在那里才能产生孩子的自我教育。没有父亲的光辉榜样，一切有关儿童进行自我教育的谈话都将变成空谈。"你孝敬老人，孩子长大后才能孝敬你；你遇到挫折时充满自信，孩子才可能面对挫折时不放弃。家长作为孩子的第一任老师，其人格魅力是重要的教育因素。因此父母要以身作则，在潜移默化中感染教育孩子。

但切记不要以这种口吻来树榜样："看看人家小乐的表现，再看看你！你要多向小乐学习。"类似这样的比较、打击、贬低孩子的话，千万别说！第一，会让孩子产生逆反心理甚至反感你树立的榜样；第二，长期处于这样的环境中，孩子可能会变得自卑。

2. 游戏体验法

玩游戏是孩子们最喜欢的一种娱乐方式，家长可以结合自己的家庭环境和孩子的特点，有意识地开展一些游戏进行体验教育。如创设情境，让孩子扮演交警，可以让孩子从游戏中体验到交通警察职业的辛苦，帮助孩子掌握交通规则及学习安全教育知识。这种游戏并不拘泥于某种形式，如可以让孩子和家长互换角色，家长扮演孩子，同时辅助孩子做好一天的家长，让孩子理解父母的艰辛。

3. 正面说理法

正面说理法是父母通过摆事实、讲道理，以提高幼儿的思想认识，培养其良好的道德品质的方法。使用正面说理法时要注意：第一，把握说理时机，在孩子情绪平和或者是比较愉悦的时候使用，效果会好一些，避免在孩子情绪低落或激动时使用；第二，说理角度应采用正面说理，以积极的视角对孩子进行说教，而不是从缺点、错误的角度展开话题；第三，注意说理时的态度，讲道理时态度要和气，不要板着面孔，居高临下地训斥、挖苦孩子，这只会引起孩子的逆反心理。

正面说理和负面指责之间是有差别的，一个是积极向上的引导，一个是指责，带给孩子的感受也不同。例如，孩子不小心弄坏别人的东西，家长正面引导的方法是总结原因，然后想办法解决这个问题；负面视角是从弄坏别人的东西出发，停留在造成这一问题的话题上，并一味地指责、训斥孩子。

4. 表扬奖励法

数子十过，不如奖子一长。表扬奖励是对孩子的思想行为给予肯定和好评。通过肯定和好评，加强孩子的进取心和荣誉感，鼓励孩子争取更大的进步。使用表扬奖励法要注意：第一，表扬奖励要实事求是；第二，应以精神奖赏为主，物质奖赏为辅；第三，表扬奖励要及时，家长应及时发现孩子的进步，给予其肯定和鼓励，并表示出对孩子的期待，特别是对幼儿第一次出现的好行为，如孩子第一次主动把垃圾丢进垃圾桶要及时表扬；第四，注意避免夸外表、夸聪明，而要夸努力，询问孩子如何做的过程，例如"你是怎么做到的？"有利于增强孩子的自信心。

5. 自然后果法

自然后果法是指让孩子自己承担自己做错事情的后果、为自己的行为负责的教育方法。由于多数家长舍不得自己的孩子"吃苦受罪"，所以这种方法使用率低。但这是一个非常有效且能培养孩子责任感的好方法。如孩子吃饭不规矩，那只能等到下一餐才能吃东西，家长把零食等全部收起来。这种做法对于部分家长来说是困难的，家长心疼孩子，不忍心看着孩子挨饿，当孩子事后饿了反悔哭闹，可能就"投降"了。家长正确的做法是"平和而坚定"地拒绝，而不是挖苦、训斥或放弃原则。

6. 实践锻炼法

实践锻炼法指根据孩子自身的发展和社会的需要，让孩子参加各种力所能及的实践活动，从中受到锻炼，以便学会某种技能技巧，增长实际才干，培养良好的行为习惯和思想品德。实践锻炼的内容相当广泛，如家务劳动、社会交际、生活自理、尊老爱幼等。进行实际锻炼时要注意：第一，要让孩子明确锻炼的目的和意义，家长要提出具体要求，鼓励他们克服困难，坚持到底；第二，锻炼内容要适合孩子的年龄特点和个性特征，从他们的实际能力出发，交给他们的任务和提出的要求必须适宜；第三，要允许孩子在实践中有失误，不可苛求，如孩子第一次扫地，家长关注的应是孩子的劳动意识的形成，而不是指出孩子没有扫干净。

7. 批评教育法

批评教育法是在孩子行为出现错误时常用的教育方法，但批评教育并不是劈头盖脸骂一顿那么简单，错误的批评教育不仅不能让孩子进步，反而会使其自卑或叛逆。在运用批评教育法时要注意：第一，批评前要耐心倾听孩子的心声；第二，让孩子换位思考，如问他/她"假如你是别人你会怎么做"；第三，批评孩子要注意场合，应单独进行，不要在公共场合，特别是不能当着孩子同学、朋友的面进行批评；第四，批评孩子不要翻旧账，要就事论事；第五，批评时不要讽刺，不要奚落，不要进行人格攻击，如"你怎么这么笨呢"；第六，批评孩子声调不宜高，如果家长声调过高，孩子会感受到不尊重而产生逆反心理；第七，批评要与鼓励相结合，让孩子不仅要明白自己的错误，更要明白自己的努力方向。

（三）科学的隔代养育方法

隔代养育是指由祖辈（如祖父母、外祖父母）对孙辈的抚养与教育。在当今社会，随着年轻一代父母的工作和生活压力增大，隔代养育已经成为一种较为普遍的现象。

隔代养育具备多种优势，如能够为幼儿提供情感支持、缓解家庭经济压力、传承传统文化。然而，由于祖辈和年轻一代在教育观念和方法上存在差异，隔代养育也容易引发一些问题，如育儿观念不同、过度溺爱孩子、忽视孩子成长需求、产生家庭冲突、影响儿童的正常依恋关系的形成等。

为了确保孩子的健康成长，科学的隔代养育至关重要。

1. 明确育儿责任

父母要明确自己是孩子的监护人，是照顾孩子的主角，对育儿负有主要责任。在请祖辈帮忙带孩子时，要事先与祖辈沟通好育儿理念和方式，了解彼此的想法和需求，避免因为教育观念和方法的不同而产生矛盾和冲突。

2. 引导祖辈更新教育理念

在育儿过程中，年轻父母要尊重祖辈的意见和经验，但随着时代的变化和社会的发展，一些传统的教育观念和方法已经不适应现代社会的要求。因此，年轻一代父母应该引导祖辈更新教育观念和方法，让他们了解现代教育的趋势和发展，引导他们更加关注孩子的个性发展和思维能力培养，帮助他们更好地与年轻一代合作进行家庭教育。

3. 隔代教育要协助亲子教育

要将教育孩子的决定权和主动权交给年轻父母，祖辈可以作为辅助抚养者存在，让孩子形成明确的家庭观念，当祖辈和父母意见不统一时，要听父母的，这时家里才会形成恒定的权威和统一，否则孩子就会"钻空子"。而且，年轻父母相对来说更能狠下心建立规则，如果祖辈能配合年轻人"立规矩"，忍住冲动，就更容易帮助孩子形成良好的性格。只有父母和祖辈密切配合，取长补短，才能形成合力，让孩子更好地成长。

4. 保持紧密的亲子关系

孩子从出生到三岁，应以母亲抚养为主，这有利于幼儿形成健康的依恋关系。良好的母婴互动满足了婴儿的全能感需求，使他们感觉到世界是被自己控制的。否则，不断更换抚养者，会给婴儿带来非常混乱的早期体验，使得他们表现得过于敏感、不信任和难以安抚。因此，即便是孩子需要托付给祖辈照料，也需要一段时间的过渡，给予孩子一个逐步适应的过程。同时父母也要保持与孩子的紧密的联系和沟通，确保孩子得到足够的关爱和陪伴。

婴幼儿常见心理疾病的识别、成因与预防

（一）孤独症

孤独症又称自闭症，是广泛性发育障碍的代表性疾病。广泛性发育障碍是指一组起病于婴幼儿期的全面性精神发育障碍，主要表现为人际交往和言语困难，兴趣与活动内容局限、刻板、重复；症状常在5岁内已很明显，以后可有缓慢的改善，多数患儿同时有精神发育迟滞。孤独症的患病率报道不一，一般认为约为儿童人口的2‰—5‰，男女比例约为4：1—3：1，但女孩患病程度一般较为严重。

1. 孤独症的识别

（1）社会交往障碍

该症患儿在社会交往方面存在质的缺陷，其显著的特征就是冷淡，包括对父母在身体和情感上都很疏远，在婴儿期，患儿回避目光接触，对人的声音缺乏兴趣和反应，没有期待被抱起的姿势，或被抱起时身体僵硬、不愿与人贴近。在幼儿期，患儿仍回避目光接触，叫他/她的名字常无反应，对父母不容易产生依恋，缺乏与同龄儿童交往的兴趣，不能与同龄儿童建立伙伴关系，不会与他人分享快乐，遇到不愉快或受到伤害时也不会向他人寻求安慰。学龄期后，随着年龄增长及病情改善，患儿对父母、兄弟可能变得友好而有感情，但仍明显缺乏主动与人交往的兴趣和行为。虽然部分患儿愿意与人交往，但交往技能仍存在短板，他们对社交方法缺乏理解，对他人情绪缺乏反应，不能根据社交场合调整自己的行为。

（2）交流障碍

有些自闭症幼儿终身有失语症或只能说极为有限的字词，语言应用能力

比较弱，有些幼儿能够维持"提问—回答"的交替过程，但缺乏感情。交流障碍包括非言语交流障碍和言语交流障碍。

非言语交流障碍表现为大多数患儿缺乏相应的面部表情，表情常显得漠然，很少用点头、摇头、摆手等动作来表达自己的意愿，不会模仿手势，很少使用非言语策略来表达他们的需要。比如，对于挥手道别这样一些简单的社会手势，他们掌握得缓慢。患儿通常只会以哭或尖叫的方式来表达他们的不适或需求。

言语交流障碍表现为患儿在语言交流方面存在明显障碍，包括：语言理解障碍，他们很难理解别人话语的意思，不太会玩象征性或想象性的游戏；言语形式及内容异常，患儿常使用刻板的、重复的语言，或特殊的、只有自己听得懂的语言，常用错语法结构、人称代词，语调、语速、节奏、重音等也存在异常；言语运用能力障碍，部分患儿虽然会背儿歌、广告词，但却很少用言语与人交流，且不会提出话题、维持话题或仅靠刻板重复的短语与人进行交谈，容易停留在同一话题。

（3）兴趣狭窄及刻板重复的行为方式

该症患儿常常在较长时间里专注于某种或几种游戏或活动，对一些通常不作为玩具的物品却特别感兴趣，如车轮、瓶盖等圆的可旋转的东西。患儿的行为方式比较刻板，如常用同一种方式做事或玩玩具，要求物品放在固定位置，出门非要走同一条路线，长时间内只吃少数几种食物，对环境变化的反应很迟钝；并常会出现刻板重复的动作和奇特怪异的行为，如不断摇头等。有些患儿重复做出自我伤害的行为，如自己往墙上撞直到受伤，或把手指咬到出血。

（4）智力发展

孤独症儿童的IQ（Intelligence Quotient，智商）是反映其预后的一个指标，那些IQ分数较高的孩子在各种教育和治疗情景中的表现更好。只有大约25%—40%的孤独症儿童的IQ分数在70分以上，相当比例的自闭症儿童的IQ分数在智力低下的范围内。一些研究发现，孤独症儿童的兄弟姐妹的IQ分数也存在偏低的现象。

孤独症最令人困惑的事情之一是"学者综合征"现象。虽然，多数孤独症患儿的智力水平较低，但有些患儿在某些能力上（包括日期计算、音乐、绘画等能力）表现突出。这说明，人类有许多相互分离的心理能力。然而，孤独症的诊断往往充满了挑战，因为诊断标准是儿童在3岁之前就存在至少一个方面（社交相互关系、用于社交的言语、象征性或想象性的游戏）的发育延迟或功能异常。如果父母延迟了对孩子的评估，临床医生将不得不依赖当前的观察及一些回溯性解释来诊断。

2. 孤独症产生的原因

孤独症的成因目前医学上并无定论，可能的主要因素有下列4项。

（1）遗传因素

在20%的孤独症患者中，他们的家族中可找到智能不足、语言发展迟滞和类似孤独症的表现的亲人。患儿的同胞发生本病的概率为2%—5%，比一般人患病率高出50倍，同卵双生子比异卵双生子的发病率要高。

（2）怀孕期间的病毒感染

妇女怀孕期间可能因得过麻疹或曾被流行性感冒病毒等感染，使胎儿的脑部发育受损。

（3）新陈代谢疾病

某些遗传疾病如脆性X染色体综合征、苯丙酮尿症均常伴有孤独症症状。

（4）脑伤

早产、难产等生产过程中导致的新生儿脑伤，以及婴儿期因感染脑炎、脑膜炎等疾病造成脑部伤害等，都可能增加儿童患孤独症的概率。

3. 孤独症的预防与治疗

（1）早发现，早治疗

孤独症的治疗年龄越早，改善程度越明显，要促进家庭参与，让父母也成为治疗的合作者或参与者。此外，患儿本人、儿童保健医生、患儿父母及老师、心理医生和社会需共同参与治疗过程，形成综合治疗团队。

（2）注重家庭教育

其一，舒缓家庭压力。一般家庭得知孩子患了孤独症时，会感受到各种有形或无形的压力，此时需要家人一起合作，帮助孩子共同面对现实。其二，父母应多与孩子进行身体接触，如多亲亲、抚摸孩子，多与孩子做亲子游戏激发孩子的潜能，这有利于建立患儿与父母的依恋关系，而这种依恋关系是促进婴幼儿正常发育的基本条件。其三，创造合适的学习环境。家长应针对孩子的需要，创造合适的学习情境，诱发其学习动机，使患儿自己愿意学习。如提供丰富的语言环境刺激，激发幼儿的表达意愿。其四，反复练习。对于孩子不会的技巧与行为，可以将该行为设置在前后关联的事件中，通过反复练习来帮助孩子学习。

（3）训练多元化

孤独症儿童的矫治并不是只限于家里或教室，周围一切有关的人和事物都可以作为患儿训练计划的一部分。例如，对于放学走固定路线回家的孩子，可以带领他们常换不同的路线回家，让他们明白走不同的路都可以到家。还可以从多样化角度安排训练，视患儿具体情况在专业人士指导下采取认知训练、语言训练、感觉统合训练，如父母经常用不同质地的物体（如毛刷、沙子、按摩球）去刺激患儿手心，进行触觉刺激训练，是预防孤独症发展的必要措施。

（4）坚持以非药物治疗为主、药物治疗为辅，两者相互促进的综合化治疗方案

治疗方案应个性化和系统化，根据患儿病情因人而异地进行治疗，并依据治疗效果随时调整治疗方案。

（5）坚持治疗，持之以恒

治疗过程是漫长的，需要家长的耐心与爱心，陪伴孩子慢慢成长。

（二）儿童多动症

多动症为一种常见于儿童时期的行为障碍，又称注意缺陷多动障碍。主要表现为与年龄不相称的注意广度缩小、注意力易分散、不分场合的过度活动、情绪冲动并伴有认知障碍和学习障碍。

1. 多动症的识别

（1）注意障碍

这是多动症的主要症状，患儿难以集中注意力，极易受到外界的干扰，做事容易半途而废、有始无终，无法认真倾听他人说话，可能会忘记交代的事，不能对细节加以足够的注意，经常犯一些粗心的错误。

（2）活动过多

患儿常在婴儿期就表现出过分哭闹、饮食睡眠情况差、活动度保持高水平等症状；幼儿期烦躁不安，无法静静地坐上一小段时间，好插话或喧闹，常干扰其他儿童的活动，参加集体活动有困难；入学后课堂上小动作多，难以遵守集体活动的秩序或纪律；在需要安静的场合难以安静；部分幼儿动作较笨拙，精细运动技能差。

（3）冲动性

患儿的行为与情绪等方面都存在冲动性。做事缺乏思考，不考虑后果，常不假思索地回答问题；情绪不稳定，提出的要求必须立即得到满足，否则就会产生较强烈的情绪反应，甚至出现反抗和攻击行为；不能耐心等待，不能按顺序轮流玩玩具或游乐设施。

（4）学习困难

患儿常常学习成绩差，但不是由智力因素导致的。主要是因为他们好动、注意力有障碍、情绪波动大等，从而影响了他们课堂上的学习效果以及完成作业的质量，造成学习困难。

此外，约有20%—30%的多动症儿童伴有品行障碍或焦虑障碍，30%—60%的患儿伴有对抗障碍，20%—60%的患儿伴有学校技能障碍。

2. 多动症患儿与淘气儿童的区别

淘气儿童往往精力旺盛、好动，他们常被家长或教师误认为患了多动症，但实际上他们与多动症患儿之间有明显的区别。这些区别主要体现在以下4个方面：

（1）行为目的方面

淘气的儿童的行为往往具有目的性，而多动症儿童的行为则具冲动性而缺乏目的。

（2）自我控制力方面

在不熟悉、陌生的环境里，淘气的儿童能约束自己，可以保持安静，而多动症的儿童却静不下来，缺乏自制力。

（3）注意力方面

淘气的儿童对自己感兴趣的事物能够集中注意力，并保持较长的时间，而多动症的儿童无论对什么事物都难以集中注意力。

3. 多动症产生的原因

研究表明，多动症发生的原因和机理十分复杂，主要有以下4个方面。

（1）遗传因素

多动症有家族聚集现象，但是特定的遗传基因迄今为止还没被发现。

（2）饮食因素

研究发现，某些食品添加剂（如味精、某些食用色素等）以及高糖饮食等都对多动症有影响。此外摄入含铅过多的食物（如爆米花等膨化食品）也可能引起多动症。这些饮食与多动症产生的关系还有待进一步确定。

（3）心理因素

多动症患者常常来自一些分裂的、不稳定的家庭，比如经常搬迁的家庭或父母离异的家庭；多动症也常常由于儿童缺乏安全感和稳定的家庭关系，父母或学校教养方式不当，过分严厉，导致幼儿压力增加，只能通过多动来缓解；父母患有精神病、酗酒和行为不端等也会影响儿童对自身行为的控制；社会风气不良都有可能成为引发多动症或使其症状长期存在的原因。

（4）脑的因素

由于各种原因引起的脑损伤、额叶功能失调、脑神经递质和有关酶的改变都有可能成为多动症的病因。

4. 多动症的预防与矫治

一般认为，以下措施可以在一定程度上预防多动症的发生：

（1）提倡婚前检查，避免近亲结婚。

（2）适龄结婚，切勿早婚、早孕，也尽量避免过于晚婚、晚孕，避免婴

每天学点心理学：婴幼儿心理健康知识手册

儿先天不足；有计划地优生优育。

（3）尽量自然顺产，避免剖宫产，临床中发现多动症患儿中剖宫产者所占比例较高。

（4）孕妇应注意陶冶性情，保持心情愉快，精神安宁，预防疾病，慎用药物，禁用烟酒，避免中毒、外伤及物理因素的影响。

（5）创造温馨和谐的生活环境，使孩子在轻松愉快的环境中快乐成长，要因材施教而不是拔苗助长，避免给孩子过多压力。

（6）注意合理营养，引导孩子养成良好的饮食习惯，不偏食、不挑食，同时保证充足的睡眠时间。

（7）尽量避免让孩子使用不合格的书本及含铅的漆制玩具，更不能让孩子将这类玩具含在口中。

多动症儿童矫治，一般应以教育和心理治疗为主。

（1）家庭训练

患有多动症的学前儿童，常在动作技能、语言、社会性等方面比一般儿童发展迟缓，因而，需进行较多的家庭训练。例如，儿童在初学走路时，让他们沿着直线或曲线向前走，向后退，以此训练平衡动作；从小让他们自己解、扣纽扣，系、解鞋带，穿、脱衣服，给图片上颜色，用剪刀剪纸，以此训练精细动作及培养幼儿注意力的集中度；每天严格遵守作息制度，帮助他们把行为控制在一定的范围之内。根据患儿具体情况提出适当要求，不可过难；对患儿出现的不恰当行为既要理解，又要坚决予以制止；对多动症儿童的教育和训练要有极大的耐心，坚持不懈。

（2）心理治疗

心理治疗包括行为治疗、支持性心理治疗、认知治疗等。行为治疗对多动症的治疗很有效果，治疗时，医生根据儿童的主要症状加以排列，运用强化的方法，先矫正容易矫正的行为，再逐步深入到较难矫正的行为，并训练患儿用良好的行为逐渐取代不良行为。支持性心理疗法是向家长和教师解释病情以取得双方的理解，家长和老师要关心和爱护患儿，不能打骂、歧视和体罚他们。行为治疗可以消除冲动任性等不良行为。如阳性强化法是当儿童完成某一项要求时即给予口头赞许或物质奖励以要求保持，注意奖品应根据儿童平时的喜好来选择，同时要经常变换奖品，否则多动症幼儿会很快失去兴趣。惩罚法是指儿童出现不良行为后，及时使之承受厌恶刺激或撤销其正在享用的正强化物，患儿以后在类似情景或刺激下该行为的发生频率就会降低，如孩子出现冲动等不良行为后取消他们看动画片的安排。消退法就是对儿童不良行为不予关注、不予理睬，这种行为发生的频率就会下降，甚至消失。在进行行为治疗的过程中，教师和家长还可以教给儿童可操作的自我控制策略，即通过一些简单的固定的自我命令，要求患儿加强自我调节，学会控制自我行为。

（3）药物治疗

药物治疗主要用于6岁以上青春期以前的学龄儿童，家长要带孩子到正规医院进行治疗。

此外，家长及教师还应注意用适当的方法消耗他们过剩的精力，如组织他们多参与各种室外体育活动，培养他们的社交能力。在课堂中教师应帮助这类儿童集中注意力，例如，多给他们回答问题的机会，多给他们指派任务，指派多动儿担任教学助理工作。同时，多动症的治疗还需要同伴在各方面协助和配合，家长或教师可以找机会和同伴说明需要特别帮忙的原因，以及同伴需要配合之处，指导同伴共同帮助患儿。

（三）抽动障碍

抽动障碍是一种起病于儿童和青少年时期，以一个或多个部位运动抽动和（或）发声抽动为主要特征的一组综合征。患儿多数起病于学龄期，低于5岁的发病者可达40%。运动抽动常在7岁前发病，发声抽动发生较晚，多在11岁以前发生。国内报道8—12岁人群中抽动障碍患病率为2.42‰，男女患病比率为4∶1到3∶1。

1. 抽动障碍的识别

抽动障碍主要表现为运动抽动和（或）发声抽动，从抽动的复杂程度来分，又可分为简单抽动和复杂抽动两种形式。运动抽动的简单形式是眨眼、耸鼻、歪嘴、耸肩、转肩或斜肩等，抽动可发生于身体的单个部位或多个部位。运动抽动的复杂形式包括蹦跳、跑跳、旋转、拍打自己和猥亵行为等。发声抽动的简单形式是清理喉咙和发出吼叫声、犬叫声等，复杂形式表现为重复言语、模仿言语、秽语（控制不住地说脏话）等。

抽动障碍的特点是随意、突发、快速、重复和非节律性，可以受意志控制在短时间内暂时不发生，但却不能较长时间地控制症状。在受到心理刺激、情绪紧张、学习压力大、患躯体疾病或其他应激情况下发作较频繁，睡眠时症状减轻或消失。

2. 抽动障碍的病因

抽动障碍的病因及发病机制尚不明确，目前研究表明，抽动障碍的发生，主要与以下4种因素有关。

（1）遗传因素

研究已证实遗传因素与抽动障碍发生有关，但遗传方式不清。家系调查发现10%—60%的患者存在阳性家族史，双生子研究证实同卵双生子的同病率（75%—90%）明显高于异卵双生子（20%），寄养子研究发现其寄养亲属中抽动障碍的发病率显著低于血缘亲属。

（2）脑结构或功能异常

研究发现，儿童和成人抽动障碍患者基底节部位尾状核体积明显减小，左侧海马体局部性灰质体积增加。对发声抽动的功能，MRI（核磁共振）研究发现，抽动障碍患者基底节和下丘脑区域激活异常，推测发声抽动的发生与大脑皮层下神经回路活动调节异常有关。

（3）心理因素

研究表明，父母养育方式如倾向于高惩罚、严厉、过于拒绝、否认、过分干涉、过分保护，其孩子发生抽动症的概率大增。父母的过多严厉惩罚导致儿童恐惧不安，产生压抑和自卑感。这些不良的养育方式，使儿童产生了不良的心理应激和心理冲突，长期的不良刺激成为抽动障碍发病的促发因素，或使抽动症状加重。

（4）免疫因素

研究显示，抽动障碍患者的发病与溶血性链球菌感染的免疫反应有关，部分患者接受免疫抑制剂治疗有效。

3. 抽动症的预防

（1）良好的养育方式

父母的情感温暖与理解可以促进幼儿良好的情绪情感发展，这是预防措施，也是治疗抽动障碍的有力保障。

（2）健康的生活习惯

给患儿制定合理的作息时间，让其保持充足的睡眠，避免过度劳累，避免儿童模仿任何不良习惯。

（3）合理饮食

患儿在治疗期间不可吃含铅量高、生冷油腻的食物，服药期间禁止食用海鲜、膨化食品及辛辣刺激的食物，饮食应以清淡、营养物质丰富的食物为主。

（4）适度接触电子产品

严格控制患儿看电视、玩电脑的时间，更不可看太过激烈、刺激的影片等。

此外，家长要避免直接使用敏感的语言说明病症，在患儿发生抽动时不可太多关注，以免病症加重，避免患儿受到惊吓；及时对孩子进行鼓励表扬，使孩子充满自信，缓解病症；不要让孩子进行剧烈运动。还要注意季节的变化，防止感冒，避免因感冒导致患儿的症状复发或加重。

（四）学习障碍

学习障碍是患儿在特定的认知技能方面存在问题，不是整个脑机能都出现问题。从发育的早期阶段起，儿童获得学习技能的正常方式受损，这种损害不是由于缺乏学习机会，也不是智力发展迟缓，更不是非先天性的脑外伤或疾病。这种障碍源于认识处理过程的异常。

1. 学习障碍的类型

（1）阅读障碍

阅读是一个需要多种认知过程参与的学习活动，如知觉、记忆、理解、概括、比较、推理等，只要儿童在这些认知能力的任意一种上存在问题，都会影响阅读能力。阅读障碍表现在以下五个方面：第一，阅读习惯方面，阅读时动作紧张，皱眉、咬唇、侧头阅读或头部抽搐，阅读时出现跳行或跳字现象；第二，朗读时常常省略句子中的某一个字或某几个字，任意在句中加字、插字、换字，将词组的前后字任意颠倒，朗读不流畅，停顿不适宜，声音尖锐，等等；第三，回忆方面，首先患儿回忆基本事实困难，无法回答文章中有关时间、地点等基本事实的问题，而且序列回忆困难，无法按故事情节的先后顺序来复述故事；第四，理解技能方面，患儿逐字理解有困难，无法正确说出阅读内容中的有些细节和特定信息，理解技能不足，不能从阅读材料中得出结论，无法把新的观点与学习过的观点综合起来，评论性理解技能不足，无法将阅读材料与自己的生活结合起来，无法将阅读材料互相比较；第五，阅读策略的运用方面，患儿难以划出重点、无法划分段落等。

（2）书写障碍

研究发现，由于患儿在精细动作能力上发展不足，造成了不同的书写困难。书写困难也叫书写缺陷或视觉—动作整合困难。有书写障碍的儿童一般有如下表现。第一，握笔方法不正确，手指过于接近笔尖，或过于远离笔尖；患儿只用食指来运笔；纸摆放的位置不正确，常移动或放得太斜。第二，书写姿势不规范，患儿身体与桌面的距离不当，太远或太近；手臂与身体的距离不当，太贴近身体或太远离身体。第三，书写力量控制不当，因患儿书写力量过大，常会折断笔尖或戳破纸；患儿肌肉过于紧张，手指僵硬，运转不灵活。第四，写的字大小不均匀，患儿对单个字的结构缺乏理解，书写出来的字该大的部件不大，该小的部件不小；写的字大小不一，笔画粗细不一。第五，字间距不当，字与字之间距离或太大，或太小，或大小不均。第六，笔顺不正确，患儿写字时不遵循笔画顺序。第七，字迹潦草，字没有结构，东倒西歪，不成比例；信手乱涂，患儿甚至自己都认不出写的是什么。

（3）数学障碍

数学的学习也是一个需要多种认知过程参与的活动，特别需要具有良好的推理、分类、组合、抽象、概括等能力。另外，在解应用题和学习代数时，语言能力有着十分重要的作用。患儿在数学学习上的障碍主要表现在以下六个方面：第一，阅读与书写数字困难，在读和写时，容易把相似的字或数字混淆，如将69写成96；第二，序数理解困难，如不知道一周中的第二天是星期几；第三，数位困难，不能理解数位概念，不能理解相同的数字可以在不同的数位上表示不同的值，如4在个位上时表示4，在十位上时表示40；第四，计算技能不良，运算方法混淆，如在进行乘法运算时，患儿会突然进行加法运算，运算法则掌握得不好，不会退位减或进位加等；第五，问题解决能力有缺陷，如解应用题时产生困难，这主要是由于语言技能的缺陷引起的，还有一些儿童则是由于缺乏分析和推理能力而产生此类缺陷；第六，空间组织困难，如他们会把数字颠倒或反向认读，将17读成71。

2. 学习障碍的病因

（1）生理因素

生理因素主要包括以下五个方面：第一，儿童在不同时期由于某种伤病而造成轻度脑损伤或轻度脑功能障碍；第二，遗传因素，有些学习障碍具有遗传性，如在儿童的亲属身上可见到类似情况；第三，感觉器官功能存在缺陷或运动协调功能差；第四，身体有疾病，孩子若体弱多病，经常请假缺课，自然会导致学习困难；第五，注意力有缺陷，儿童不能集中注意力，导致学习困难。

（2）环境因素

环境因素主要包括以下三个方面：第一，不良的家庭环境，如由于父母长期在外工作或家庭成员关系紧张等因素，儿童从小就未得到亲人充分的关爱；第二，儿童生长发育的关键期未得到良好教养，家庭没有提供丰富的环境刺激和适当的教育；第三，学习内容安排不科学或教育方法不妥当使儿童产生厌学情绪，有些父母望子成龙心切，他们拔苗助长，不按儿童的身心特点进行教育，如学前儿童小学化等。

（3）营养与代谢

近年来有研究证实，学习困难与营养、代谢相关，某些微量元素不足，营养不均衡可影响智力发育。如碘摄入不足影响儿童智力，进而影响其学习，有研究表明，学习困难儿童的毛发中微量元素锌、铜的含量显著低于正常儿童。

（4）心理因素

近年来大量研究进一步证实，儿童学习困难与心理因素密切相关，学习困难儿童普遍存在一定程度的心理问题，如学习动机水平低、学习动力不足、学习兴趣弱、情绪易波动、存在意志障碍或认知障碍、自我意识水平低等。

3. 学习障碍的预防

导致学习障碍的原因多而复杂，要做到防范一切致病原因并不容易，但有些措施可做到"防患于未然"。出生后如能尽早诊断尽早干预，亦能达到"事半功倍"的效果。

（1）建立和谐的家庭环境

不当的家庭教育方式，是儿童学习困难的重要因素，有的家长和教师对学习困难儿童的不理解、不包容，给孩子带来了很多的伤痛。家长及教师要创造民主、祥和、欢乐的氛围，改进与孩子交流的方式，树立正确的教育态度并营造良好的学习氛围。同时，老师要了解并尊重学习困难儿童，帮助他们发展正向的自我观念。

（2）学习能力训练

学习能力训练建立在儿童心理学和儿童教育学的基础上，从提升注意力、记忆力、运动能力、口语表达、阅读写作、数学计算、概念理解、逻辑推理以及有效的学习策略等方面入手，通过专业教师的耐心指导，使孩子的学习能力得到提高。

（3）心理干预

学习困难儿童中大多数对学习无兴趣、求知欲低，经历失败的机会较多，容易形成自卑、自信心不足等不良的自我意识。因此，对于他们来说，心理支持非常重要，通过心理干预可调整他们的情绪，激发其学习动机，改善人际关系，培养良好的性格。

（4）运动治疗

如果孩子被诊断出有读写困难、动作协调困难，或有相关症状，可能是小脑发育迟缓导致。家长可以以运动刺激小脑的自动化机制，帮助孩子改善脑部管理阅读、书写、注意力、动作协调等特定区域的效率。

（五）精神发育迟滞

精神发育迟滞是指个体在发育阶段（通常指18岁以前）精神发育迟滞或受阻。临床上主要表现为认知、语言情感意志和社会化等方面的缺陷、不足，在成熟和功能水平上落后于同龄儿童。一项针对全国8个省市0—14岁精神发育迟滞流行病学的调查结果显示，精神发育迟滞的患病率为1.2%。

1. 精神发育迟滞的识别

精神发育迟滞主要表现为不同程度的智力低下和社会适应困难，世界卫生组织（WHO）根据智商水平将精神发育迟滞分为以下4个等级：

（1）轻度

智商在50—69，成年后可达到9—12岁的心理年龄，幼儿期即可表现出智能发育迟缓，小学以后表现为学习困难。能进行日常的语言交流，但是对语言的理解和使用能力差。患者通过职业训练能从事简单的非技术性工作，有谋生和家务劳动能力。

（2）中度

智商在35—49，成年以后可达到6—9岁的心理年龄，从幼年开始，患者的智力和运动发育都较正常儿童明显迟缓，不能适应普通小学的教育。能够完成简单劳动，但效率低、质量差。患者通过相应的指导和帮助，可简单地自理生活。

（3）重度

智商在20—34，成年以后可达到3—6岁的心理年龄，患者出生后即表现出明显的发育延迟，经过训练只能学会简单的语句，但不能进行有效的语言交流，不能学习，不会计数，不会劳动，生活常需他人照料，无控制社会行为的能力。重度精神发育迟滞可能伴随运动功能损害或脑部损害。

（4）极重度

智力在20以下，成年以后可达到3岁以下的心理年龄，完全没有语言能力，不会躲避危险，不认识亲人及周围环境，以原始性的情绪表达需求。生活不能自理，尿便失禁。常伴有严重的脑部损害、躯体畸形。

2. 精神发育迟滞的病因

（1）遗传因素

目前已经明确的病因有基因异常、染色体异常、先天颅脑畸形。

（2）孕期因素

母亲怀孕期感染、摄入药物或毒物、患妊娠期疾病等均是导致精神发育迟滞的原因。

（3）出生后不良因素

大脑发育成熟之前患影响大脑发育的疾病及早期文化教育缺失均可能导致精神发育迟滞。

3. 精神发育迟滞的预防

精神发育迟滞的预防主要从以下三个方面入手：

一是加强优生优育宣教，禁止近亲结婚，适当晚婚晚育，避免高龄妊娠，尽量在最佳生育年龄生育。

二是加强孕期保健，避免母亲孕期接触到不利因素，如在怀孕期间，要保证营养均衡，戒烟戒酒戒毒，禁止接触有害化学物质和可致畸的药物，做好产前检查，避免妊娠并发症。

三是做好新生儿的保健及遗传代谢病等筛查工作，按计划接种疫苗，预防传染病的发生，对婴幼儿进行定期智力随访，做好儿童保健，避免导致该病的各种因素。

家长应了解一些正常儿童心理发展的规律，对儿童的动作、行为、语言进行早期观察。对于孩子出现的异常情况，家长要引起重视，及时到医院诊断，要早发现、早诊断、早干预。如果早期可以积极教育和训练，孩子的整体能力水平会有很大的提高。

第二篇
情绪情感篇

　　情绪是孩子最忠实的朋友，虽然对于那些牙牙学语、蹒跚学步的孩子来说，"情绪"这个抽象、深奥的"朋友"太高级以至于他们无法理解，但它却如镜子一般如实反映了孩子的喜怒哀惧以及跌宕起伏的心情变化。为什么我的孩子这么磨人，这么爱哭，这么喜怒无常、蛮不讲理？只有真诚尊重并深入了解孩子的这个"朋友"，家长才能进入孩子奇妙的内心世界，也才能对曾经教养过程中的不解、沮丧甚至愤怒的时刻感到释然。尊重并接纳孩子的各种情绪，教会孩子与情绪相处，让哭泣的孩子体验悲伤，让高兴的孩子了解喜悦，让愤怒的孩子懂得宣泄，这样才能做好孩子生命中的"摆渡人"。

准妈妈的"坏情绪"对宝宝有影响吗?

　　3岁的小明最近晚上经常被"噩梦"吓醒,他梦见自己独自待在一个黑乎乎的房子里,外面不断传来可怕的叫声。妈妈带小明去看心理医生。医生从妈妈那里了解到,小明的生长环境还是不错的,父母的关系也比较和谐,在小明面前很少吵架,即使有矛盾也是协商解决。那小明为什么还会做这样的"噩梦"呢,它想向小明表达什么呢?

　　心理医生继续询问妈妈在怀孕期间的情绪表现。妈妈表示孩子是意外怀孕的,当时夫妻俩正处于事业的上升期,对于是否留下这个孩子,夫妻俩犹豫了很久,最后妈妈不得不从公司辞职回家备产。因此妈妈孕期时的情绪很不稳定,常常会产生无奈、生气、委屈等负面情绪,并经常与家人发生矛盾,直到小明出生,情况才逐渐缓和。心理医生表示:"如果妈妈在怀孕期间总生气,和家人吵架,羊水就会晃动得比较激烈,胎儿会感觉不舒服,并会记住这种不舒服的感觉,长大后当出现类似情境,便会以梦境的形式再次回忆起来。"

心理解读

　　一般来说,怀孕会让孕妇产生很多变化,除常见的饮食、睡眠等方面的变化,情绪也会发生很大的波动,有时很平常的一点小事情,都会引起准妈妈的

每天学点心理学:婴幼儿心理健康知识手册

情绪变化。孕妇的情绪会影响血液中各种激素水平的变化，激素通过血液传递给胎儿，因此胎儿可以敏锐地感受到妈妈的喜怒哀乐。心理学研究表明，胎儿期的心理体验是一种原始的情绪记忆，能留存在大脑并伴随其一生。[①]如果孕妇不喜欢胎儿，不欢迎胎儿来到这个世界，那么在出生后，这些孩子会有"妈妈不喜欢我"的潜意识记忆，就可能会和妈妈相处得不愉快，或者就像案例中的小明那样会做"被遗弃的噩梦"。如果孕妇经常抑郁，胎儿可能会放慢生长速度，出生后可能会很爱哭，也可能长大后比较敏感。

孕妇的不良情绪会带来哪些影响？

影响胎儿发育。 首先，影响胎儿的生长发育。准妈妈在怀孕期间，如果情绪不佳，可能会胃口不好，进而导致胎儿的营养等给予不足，其生长发育情况也随之受到影响。其次，影响胎儿器官的形成。在孕早期，胎儿各器官还未分化好，孕妇的情绪也会影响胎儿各器官的形成。严重的甚至会影响孕妇的心脏和肝脏从而导致流产。第三，影响胎儿的系统功能。在孕中后期，孕妇的负面情绪会使胎动增多，胎儿的生长发育会滞后，各系统功能也会失调，尤其是消化系统。如果消极情绪持续时间过长也可能会导致胎儿早产。第四，孕期出现的焦虑、担心、恐惧等不良心理引起交感神经兴奋性升高，可能会导致孕妇血压上升。严重高血压会使孕妇手、脚、关节肿胀，肾功能受阻，孕妇处于生命危险当中，从而使胎儿不得不被提前取出。

影响孩子的性格。 研究显示，胎儿在母体内能感受到妈妈的情绪变化，并在出生后保持这种情绪反应。一项追踪调查发现，出生后孩子的情绪特点和准妈妈怀孕时经常表现出的情绪相似率高达百分之三十以上。由此可看出孩子的性格部分受胎儿时期孕妇情绪的影响。发展心理学研究表明，孕妇受到直接的、重大的惊吓，如亲人亡故、被丈夫遗弃，会产生一种激素——儿茶酚胺，这种激素会穿过胎盘，侵入胎儿，使胎儿也产生恐惧感。有研究发现，长期受到儿茶酚胺作用的胎儿成长后患精神抑郁症、偏执型人格障碍、妄想型人格障碍的可能性较高。

孕妇的情绪如何影响胎儿？

神经激素与下丘脑的作用。 发展心理学研究认为，母亲通过母体所释放

---

① 包丰源：《早期生活事件与情绪记忆的关系》，《世界最新医学信息文摘》2019年第13期。

的神经激素把情绪传递给胎儿。母亲在受到突然惊吓时，这些刺激会首先作用于大脑皮层，同时立刻传递到与大脑皮层直接相连的下丘脑，在下丘脑内转化为情绪，传递给内分泌系统和植物神经系统，使母亲神经激素分泌加剧。这些神经激素进入血液，使母亲和胎儿的体内都发生化学变化，然后这些变化又作用于胎儿的下丘脑，下丘脑再发出指令传递到胎儿的植物神经系统和内分泌系统，使胎儿产生与母亲类似的情绪反应。一般来说，短期的不良情绪所分泌的神经激素量是有限的，不会对胎儿产生大的影响，但如果孕妇的不良情绪持续时间很长，分泌的神经激素就会持续增加，下丘脑就会持续发出指令，最终使胎儿出生时就有先天的情绪障碍。

应对之道

准妈妈如何调节"坏情绪"？

转换角色，了解孕期知识。很多孕妇出现不良的情绪变化，部分原因是没有做好当妈妈的心理准备，不知道宝宝生下来应该怎么办，因此产生慌乱、无助、恐惧等负面情绪，所以要做好以下两个方面的准备工作。第一，怀孕前做好充足的准备。在怀孕之前，可以与丈夫及家人沟通好，避免意外怀孕造成的矛盾与冲突，在心理上认同妈妈的角色，以欣喜期待的心情迎接新生命的到来。第二，怀孕之后要积极学习，了解孕期知识。孕妇可通过阅读书籍、参加讲座或者医院的健康知识培训班等，多方面了解孕期调适、生产分娩及育儿方面的相关知识。俗话说："不打无准备的仗。"只有准备工作做充足了，孕妇才会有自信及良好的情绪状态。

合理安排孕期生活。怀孕期间，体型、体内激素等方面的变化会给孕妇的生活带来一些不利的影响，如行走不便、没胃口、容易疲劳等。因此孕妇需要合理安排孕期的生活，让生活变得丰富多彩从而调整情绪。

首先，安排合理的孕期运动。一般来说，较合适的运动有散步、瑜伽、有氧操等。其中散步是最安全、最适合孕妇的运动，孕妇在整个孕期都可以坚持，如每天晚上吃完晚饭后，可以和家人一起散步，既能锻炼身体，又能放松心情，还可以在散步的过程当中与家人交流感情，避免产前抑郁。难度较小的瑜伽、有氧操也能够释放积极因子，调节孕妇体内的激素水平，让孕妈妈的心态更加积极，心情更加愉悦。

其次，安排合理的社交活动。孕妇怀孕后，因为不能过度劳累，所以一些准妈妈可能会辞职在家里养胎，但由此会容易产生孤独、无聊的感觉。孕妇可以多参加一些人际交往活动，除了家人，也可以和朋友、其他孕妇、孕产专家等人进行交往，如可以定期参加一些胎教沙龙活动，与他人分享心情，说出担心、忧虑与烦恼，避免心情压抑造成不好的影响。

最后，安排合理的兴趣爱好。孕妇休闲的时间逐渐变多，可以利用好这段时间发展自己的兴趣爱好，陶冶情操，还可以对胎儿进行良好的胎教。比如，孕妇可选择一些自己喜欢听的音乐，在美妙的旋律中，孕妈妈找到心灵的共鸣，激发出内心的艺术美感。孕期绘画也可以促进胎儿对事物的感知，开发胎儿大脑的潜力，提高想象力，不过绘画材料要使用环保产品。此外，做手工、写胎宝宝记录都是孕期较好的调节情绪的兴趣爱好，有些孕妇在孕期就做好了宝宝的小衣服、小鞋子等，不但排解了不良情绪，还提前给宝宝准备了生活用品。

心理小贴士

孕妇的不良情绪不仅影响胎儿的生长发育，而且可能对其性格形成产生负面作用。从受精卵形成的那一刻起，一个生命就已经诞生，准妈妈、准爸爸都有责任和义务在生命的原点为孩子营造安全、温暖和舒适的成长环境。

05

宝宝总是哭，这是怎么了？

小丽是一个3岁男孩的妈妈，她觉得自从儿子出生后，自己的生活中就充斥着儿子的哭闹声。由于儿子是"高需求"宝宝，饿了渴了哭，需要安抚哭，甚至在没有任何不舒服的情况下也哭，别的孩子都是哄一下就停止哭闹，但小丽的宝宝却很难安抚，她一直感到疑惑：自己的孩子为什么那么爱哭呢？以前孩子小，不会说话，哭是他的表达方式，可现在孩子会说话了，怎么还是经常哭？长此以往宝宝会不会形成内向、敏感、孤僻的性格？

小丽是一名公司白领，平时工作压力较大，工作时间也长，除了周一至周五的上班时间，周末也经常要去公司加班，和孩子相处的时间较少，一般都是由保姆帮忙照料，而在3年的时间里，保姆也换了好几个，导致孩子没有固定的照料者。在有限的陪伴时间里，小丽往往不能及时领会孩子的意图，多次以后在孩子的心目中已经没有足够的信任，加上3年间换了多个照料者，孩子也因此产生了无助及不安全的感觉，这可能是导致他爱哭的主要原因。

心理解读

生活中宝宝哭是一件很平常的事情，与其自身的身体状况和生活环境息息相关。对于还不会说话的宝宝来说，哭是一种表达需求的方式，如饥饿、排泄、肚子不舒服、疼痛等；当孩子大了，哭可能是因为对外界陌生环境的恐惧，也可能是父母的关爱不够、责备等多方面的原因造成的。但如果宝宝总是情绪低落、哭泣，或者总以哭作为手段来获得关注和达成目的，那家长就需要注意了。因此，对于宝宝哭要具体情况具体分析，进而采取不同的方法及时调整。通常，宝宝哭的原因有以下几种。

身体不适。宝宝身体不舒服时，大都会用哭的方式求救，告诉照料者自己现在身体很难受，需要帮忙。常见的宝宝身体不适的情况有以下3种。（1）宝宝肚子不舒服。俗话说，一月哭二月闹。刚出生的婴儿消化功能非常稚嫩，可能由于喂养不当、消化不良等，引发腹胀、腹痛等症状，引起宝宝哭闹。当然，如果宝宝哭闹越来越重，也要注意是否存在肠套叠或者肠梗阻等急腹症，要及时带宝宝到医院就诊。（2）宝宝太热或太冷。衣服穿少了或者穿多了都会导致宝宝因为过冷过热而哭闹。原则上，宝宝需要比成人多穿一件衣服。（3）宝宝屁股不适。如果婴儿大小便后没有及时更换纸尿裤，尤其是大便后，纸尿裤上的大便糊在宝宝的屁股上，他们会非常不舒服，此时宝宝哭闹，家长需要注意检查纸尿裤，及时给宝宝清理屁股，换上干净的纸尿裤。

表达需求。宝宝受语言表达能力的限制，找不到更好的表达自己的方式，因此宝宝通常用哭声表达需要。宝宝常见的用哭声表达诉求的情况有下列四种：（1）想吃东西，饥饿是新生儿哭闹最常见的原因，宝宝越小，哭闹的原因越有可能是因为肚子饿；（2）想睡觉，当婴幼儿想要睡觉却缺乏睡觉的氛围，比如光线强、声音大、被人抱来抱去等，这种情况下他们就会哭闹；（3）想要拥抱，宝宝越小越喜欢被抱着的感觉，特别是新生儿，一般都得被抱着才会满足，十月怀胎，胎儿很长时间都与母体联系在一起，他们能感觉到妈妈的体温，听到妈妈的心跳，所以宝宝出生后会下意识地寻找这种熟悉的感觉，因此拥抱对于年龄较小的婴儿是非常重要的；（4）想要支持，当婴幼儿遭受挫折、感到委屈或者感到恐惧害怕时，自然而然会通过哭泣来表达这些情绪，以寻求外界的支持和保护。

缺乏安全感。有些宝宝哭闹是缺乏安全感的表现，需要家长来陪伴。就如案例中小丽的儿子，没有固定的照料者，与照料者之间缺乏基本的信任感，导致其安全感降低。心理学上的安全感是指婴儿相信父母及亲密的人是安全可靠的，世界是安全的，可以让其自由探索和活动。面对陌生环境，安全感足的孩子会更快地适应并信任环境，且在专注、坚持、兴趣探索等积极品质方面有良好的发展，而这些特性正是今后良好学习、生活的重要组成部分；相反，如果婴儿长时间没有安全感，感到压力和害怕，则容易形成胆小、爱哭、专注力差的个性特征。

照料者的性格缺陷。心理学研究表明，一个焦虑的母亲和一个缺席的父亲，很容易培养出有情绪障碍的孩子。如果照料者本身有性格缺陷，甚至有心理问题，很难想象他们能够温和而友爱地对待宝宝。精神分析心理学认为从小受到的心理创伤将会贯穿孩子的一生，影响他们长大后的人际关系和面对自我的能力。父母经常性呵斥或冷落，会直接诱发宝宝心中的不安感和惧怕心理，宝宝在行为上便会呈现爱哭泣、孤僻、与人隔离的特征。正如一句话所说："你的内心世界是怎样的，你以外的世界就是怎样的。孩子的内心世界是在和父母的互动中建立的。他们体验到的爱的关系是怎样的，就会在日后把自己与其他人的关系处理成他们曾体验到的那样。"①

专制型的家庭教养方式。心理学研究表明，家庭教养方式是影响儿童人格特征的重要影响因素，专制型父母希望操纵孩子的一切，对孩子的所有行为都加以监督和约束，要求孩子绝对服从自己。他们对孩子要求严厉，有过高的期望，缺少宽容，对孩子没有达到自己期望的行为表示愤怒，甚至采取严厉的惩罚措施。在这种教养方式下，宝宝一旦做错事，父母就严厉指责，这样很容易伤害宝宝的自信心和自尊心，久而久之，宝宝就形成了胆小、敏感、爱哭的性格特征。

以哭作为达到目的的手段。《正面管教》一书中写道："他们（孩子们——编者）从小就被训练得要用自己全部的精力和智力去操纵和烦扰大人满足他们的每一个愿望。"有些宝宝把哭闹当成一种手段和目的来满足自己，比如想要玩具、想要出去玩等，这与正常的表达需求不一样，这种哭泣不是情绪的自然宣泄，而是一种假哭，一种"看人脸色"的哭泣，当目的达到后，这些孩子马上会收起眼泪。因此长期下去，这种哭闹不利于孩子健康人格的发展。

① 胡慎之、曾路：《资深心理师育儿手记（0~3岁）》，北京联合出版公司，2021，第IX页。

如何应对宝宝哭泣的情况？

允许宝宝哭泣。 生活中有些父母看到自己宝宝哭泣会陷入焦虑，甚至产生"我不是一个好父母"的错误观念，由此产生挫败感。其实心理学研究发现，爱哭的人在情绪上和身体上比不爱哭的人更健康。因此哭泣是宝宝表达需求、宣泄情绪的正常途径，父母需要接纳宝宝表达情绪的方式。年龄较小的婴儿哭泣时父母要了解宝宝的需求，比如是否渴了、饿了，并及时满足他们。年龄较大的幼儿哭泣时，父母要设身处地地理解孩子的委屈、不满等消极情绪，可以给孩子一个拥抱并告诉他/她："你哭了，我知道你很难受，哭完了会好受一些，我会一直在这儿陪着你的。"当宝宝知道自己的心情被理解并被接纳的时候，他们的哭声也会逐渐停止。有些家长会给爱哭的宝宝贴标签，禁止他们哭泣，这样会让宝宝压抑情绪，反而加重哭闹的现象，允许并接纳孩子的哭泣才是逐渐改变孩子爱哭闹的根本途径。

及时安抚宝宝的情绪，了解他们哭泣的具体原因。 当宝宝哭泣时，不能强硬、严厉地呵斥，也不要给宝宝贴上敏感、好哭的标签，更不要当着宝宝的面和他人随意议论其爱哭的事情。比如"你这么大了还总是哭"之类的话，对于大人来说可能是无心之言，可是对于一些情感细腻的孩子来说，当他们的情绪没有得到正视时，更容易通过哭闹来表达不满。当遇到孩子哭闹时，父母可以多帮他们把情绪表达出来，比如说："你不想离开妈妈所以哭了是吗？"这其实是在帮孩子确认情绪，有助于加强孩子对情绪的认知。当孩子的情绪被肯定时，他们会获得安全感，久而久之，自然会更好地去表达自己的情绪。另外也可以采取拥抱的方法，婴幼儿对肢体动作会有明显的反应，用拥抱安慰情绪不稳定的孩子，会让他们产生安全感与认同感。所以当孩子无法控制情绪的时候，可以先试着给他们一个拥抱。然后，父母应带着非评判的态度了解宝宝哭闹的具体原因，并帮助宝宝一起解决他们所面临的困难。因此，在宝宝哭闹的时候，去批评指责他们的是非对错，不仅无助于问题的解决，反而会影响相互信任的亲子关系的建立，因为孩子最先需要的不是答案，而是关心、支持与帮助，他们需要家长帮助自己解决导致哭闹的具体困难。

多陪伴宝宝，给他们充足的安全感。 年龄越小，宝宝越需要父母的陪伴，这是给宝宝买任何礼物都无法比拟的。美国皮尤研究中心的统计数据显示，父母每周用来陪伴孩子的有效时间"及格线"为21.2小时，以此计算，平均下来每天至少要有3个小时的时间来进行亲子陪伴，这样的陪伴不仅仅是物理上的共处一室，更需要情感上的投入与共鸣，有些父母一边陪着孩子一边做自己的事，这其实不是陪伴。有效陪伴是父母能够放下手机，丢开电脑，恢复童心，参与到宝宝的世界中去，认可他们的游戏世界，在他们需要帮助时及时提出建议和给予支持，这样才能让宝宝更加自信，充满安全感。

采用民主型的家庭教养方式。父母应采用民主型的家庭教养方式，以积极肯定的态度对待孩子，尊重并鼓励孩子表达自己的意见和观点，帮助孩子合理适度哭泣。当发现孩子的优点时，家长要及时表扬与肯定，如"今天宝宝自己穿袜子了，真了不起！"这种表扬可以培养孩子的独立性与责任感，减少孩子"爱哭"的现象。若孩子做事没有达到大人所希望的那样，但只要他们尽力了，也要认可孩子的表现。如果孩子做了错事，也不要因怕他们哭而不批评，要清楚地说明错在哪里。既不要斥责，也不能无原则。

拒绝孩子以哭闹为手段的请求。当发现孩子的哭闹是一种为获得物品的"假性哭泣"时，家长应坚决拒绝。当然，家长的行为要坚决，态度要友善，不能生硬拒绝，冷冰冰的态度会让孩子难以接受。可以先安抚孩子，理解他们的心情，但是不能答应，并解释不能答应的理由。如果孩子哭闹的时间较长，或者是在公共场所，家长应陪伴在其身边，尽量安抚，保护宝宝的自尊，但同时要坚决表明立场，当孩子发现没有商量余地的时候，他们自然会放弃哭闹。

心理小贴士

　　哭泣是宝宝成长过程中一种常见的发展现象，应允许孩子适度合理地通过哭泣宣泄情绪，表达需求。但是如果宝宝的哭泣超过一定限度或者成为一种要求父母满足其过度需求的工具时，家长就要关注。家长要营造良好的家庭氛围，不断完善自己的个性品质，提升宝宝的安全感，不仅成为合格的父母，更成为宝宝成长道路上的人生导师。

宝宝经常"磨人"，发生什么了？

场景一：家里。妈妈在电脑前工作，宝宝在玩积木。宝宝说："妈妈，你陪我一起搭积木吧。"妈妈说："宝宝先自己玩吧，妈妈现在有事，忙完了再和你玩。"没多久宝宝又说："妈妈，要不你给我讲个故事吧。"妈妈说："宝宝再等一会儿呢。"又过了一小会儿，宝宝又说：

"妈妈，我们来玩捉迷藏吧。"妈妈生气地说："你这个孩子，怎么这么'磨人'啊？你等一会儿，我就可以陪你了，总来烦我！"宝宝委屈地哭了。

场景二：幼儿园。妈妈送宝宝去幼儿园，在教室门口，宝宝一直拉着妈妈的手，不愿妈妈离开。妈妈说："宝宝，妈妈下班就来接你，好吗？"宝宝还是不愿意，哭了起来："妈妈不要离开我……"妈妈耐心地劝说道："宝宝，幼儿园有老师，还有很多小朋友，和他们一起玩很快乐呢！"宝宝委屈地低下头："不嘛，我不上幼儿园，这里没有妈妈。"妈妈没办法，丢下宝宝就要走，宝宝追上她，拉着她的衣服，哭喊着："我要妈妈，我要回家！"妈妈很生气，说："这个孩子怎么这么'磨人'啊！"

场景三：超市。父母带宝宝逛超市，宝宝看到一辆很漂亮的玩具汽车，很想要。妈妈说："家里不是有很多吗？不买！"宝宝哭了："家里的旧了，我要买新的。"妈妈说："旧了的用途是一样的，不要浪费钱。"宝宝还是不依不饶，大声哭闹，又让爸爸抱，哭着让爸爸买，爸爸也被缠得无可奈何。妈妈皱着眉头说："这孩子真是个'磨人'的孩子，什么道理都讲不通。"

以上的3个场景中，出现了3个"爱磨人"的宝宝，也出现了3个无奈的妈妈。"磨人"的背后也传递了宝宝的心理需求，场景一的宝宝想要妈妈陪自己玩，场景二的宝宝害怕与妈妈分离，场景三的宝宝想要通过哭闹获得新玩具。因此宝宝"磨人"是一种表象，探求其背后的原因才能更好地帮助孩子成长。

心理解读

宝宝爱"磨人"的原因主要有4个。

缺乏情感交流，通过"磨人"引起父母的关注。 当今社会，很多父母都是白天工作，晚上回家。而且在家的时间父母通常也在看电视、玩手机，有的甚至回家还在电脑前工作。这样一来，父母每天与孩子相处的时间非常短，参与孩子的内心世界、与孩子进行情感交流的时间就更短，这就导致宝宝通过"磨人"来吸引父母的关注，他们问父母要东西、跟父母捣乱都不是目的，目的是让父母注意他们，以此证明自己在父母心中的重要性。

缺乏安全感，通过"磨人"传递分离焦虑。 孩子天生对父母有依恋，年龄越小，越希望可以得到父母全神贯注、持久不间断的爱、注视和陪伴。而在父母二者间，宝宝对母亲的依恋更为强烈。十月怀胎，他们早已熟悉了母亲的心跳、气味，这种生理决定的依恋感是无法割舍的。尤其是0—3岁孩子离开母体的时间不长，严重缺乏安全感，想时刻跟着妈妈，不愿意妈妈和自己分离，这就是常见的婴幼儿"磨娘"的现象。

缺乏独立性，通过"磨人"表达依赖。 随着经济的发展，家庭对孩子的重视程度也在不断提高，而且家庭中孩子较少，甚至有些家庭有6个大人、1个孩子，这样就可能导致家长过度溺爱孩子，对孩子实行"大包干"，包揽孩子大部分的事情，对孩子的要求"有求必应"。研究发现，溺爱型的家庭教养方式会助长孩子形成不良的依赖、任性的行为习惯。这种任性、依赖性表现在行为上就是"磨人"、胡搅蛮缠，表现在情绪上就呈现不稳定、爱哭、不易满足、暴躁等特征，这是宝宝内心情绪不安定而采取的一种发泄方式。

缺乏有效和灵活的表达方式，通过"磨人"达到需求的满足。 生活中，我们会发现爱"磨人"的宝宝会专找宠爱他/她的人"缠"，也专找态度暧昧、容易妥协的人"磨"。就如同本文案例中的场景三中的宝宝，当妈妈拒绝时，他会试图去缠爸爸来达到目的。婴幼儿的心理言语机制处于发展之中，有些孩子发展得快，他们能较完整地用语言表达自己的所思所想、所感所需，能说会道，但有些孩子则发展得慢，在想要表达需求的时候，找不到更合适的语言，或者更灵活的办法，只能通过不断地"磨人"来达到目的。所以当宝宝通过"磨人"，甚至用哭闹的方式来达到满足需求的目的时，父母应及时拒绝，并教给孩子更灵活、更有效的方法。而且父母的教养态度要一致，宝宝会在与大人的互动中去探测家长的反应，当家长的回应方式养成后，宝宝就会以此方式作预测。如宝宝磨妈妈的时候被拒绝了，可是磨爸爸则成功了，这样孩子以后就会专找爸爸磨，且会形成"磨人"的行为习惯。

 ## 应对之道

如何改变宝宝"磨人"的习惯？

给予宝宝足够的信任，增强安全感。 分离焦虑使婴幼儿对父母（或其他主要照料者）的依赖性增强，当父母等人不在身边时，婴幼儿会感到紧张，担心他们消失，因此父母及家人要给予宝宝足够的信任，让孩子放下担忧，内心充满父母会永远陪伴自己的坚定信念，觉得自己是值得被爱的，从而确立核心价值感和自我认同感。只有这样，孩子内心世界才会充满爱，同时也会觉得周围的世界是友善的，进而会与他人建立良好的人际关系，"磨人"的现象也会逐渐减少。

不拒绝孩子寻求肢体接触的要求。 婴幼儿会有与父母肢体接触的强烈需求，喜欢被父母抱或者亲。这种需求本质上是在表达一种寻求和探索："父母是不是真的爱我，喜欢我？"因此当宝宝提出要父母拥抱或者亲吻的要求时，父母都要尽力满足他们。

提前告知分离。 很多妈妈出门或者上班，都是通过"偷偷摸摸"的方式离开家。虽然表面上看似平静，而且短期内似乎很奏效，避免了宝宝大哭大闹的情形，但实际却是以宝宝丧失妈妈提供的安全感为代价的。当宝宝发现妈妈突然失踪，他们只能通过哭的方式来发泄，内心的焦虑和无助可想而知。因此当父母离开时，要让孩子知道他们只是短暂离开，到时间了就会回来，让宝宝有充足的安全感。更合理的方法是把时间量化，比如告诉孩子当钟表的指针到了数字几，父母就回家了。刚开始孩子可能会出现哭闹，但在一次次的讲解中孩子会逐渐明白，从心里也会慢慢接受，最后父母上班离开也就变成了正常现象。

增加高质量的陪伴，参与孩子的世界。安全感来自孩子内心的感知，当他们能够确定爸爸妈妈真正和自己在一起才能建立安全感。曾有早教专家说过，教育孩子，首先要陪伴孩子，陪伴孩子不是陪坐，而是参与孩子的世界，和他们一起玩耍，一起进行情感的交流，专心地陪孩子相处一个小时，比三心二意陪孩子两个小时的效果好得多。父母要明白陪伴的时间不是最重要的，优质的陪伴才是最长情的告白。

培养宝宝独立自主的能力，教会他们独立生活和思考。想要减少孩子的依赖性及"磨人"行为，就要让孩子逐渐独立，让他们学会自己照顾自己。虽然婴幼儿年龄较小，很多事情需要依赖父母，但他们在力所能及的范围之内是有一定决策能力的，只是这种决策能力并没有我们所想的那样高级，更多是体现在生活中的点滴小事中。在日常生活中可以多培养孩子的这种决策能力，让他们为自己的事情拿主意，逐渐减少对他人的依赖。例如家长在穿衣方面可以先询问孩子的意见："宝宝今天想穿哪件衣服去幼儿园呢？"又或者可以问："今天宝宝想和哪位小朋友一起玩游戏呢？"这种方式不仅可以减少孩子的"磨人"行为，还能激发孩子的成就感和责任感，使他们日后成为更加独立自信的人。

培养宝宝的认知灵活性，教会他们多方法表达需要。认知灵活性理论由心理学家斯皮罗等人提出，重点解释了如何通过理解的深化促进知识的灵活迁移及应用。婴幼儿由于认知能力的缺乏，思考的方式和途径都比较单一，缺乏灵活性，不会全面思考和多角度考虑问题。这样必然导致他们在表达需求时比较任性，不懂变通，一味地用同一种方式不停"磨人"，或者不停"磨"同一个人。对此，家长要在生活中有意识地培养孩子的认知灵活性，教会他们用多种方法表达需要。具体可从以下三个方面着手：第一，可通过开展角色扮演游戏、模拟情境游戏等方式，引导孩子从多角度考虑问题，家长要让孩子明白做事情要灵活变通，不要一味地钻牛角尖，只有学会了多角度观察和思考，才可以有效解决问题并达到目的；第二，引导孩子细致观察，如观察动植物、自然现象、艺术作品等，家长在生活中要引导孩子学会观察，并且多看、多听，通过这样的方式，提升孩子的认知能力，慢慢改变孩子刻板、思维单一的行为；第三，培养孩子的发散性思维，在解决生活中的问题时，不要固定和僵化一种方法，要给予孩子选择和思考的空间，让孩子明白解决问题的方法有很多种，如向孩子提问："你觉得这个游戏可以怎么玩？""如果我们这样做，会发生什么？"

心理小贴士

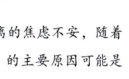

　　宝宝"磨人"主要传递了孩子对父母的依赖、对分离的焦虑不安，随着年龄增长，"磨人"现象会逐渐减少。宝宝经常"磨人"的主要原因可能是与父母缺乏情感交流、缺少安全感、独立性不强与认知灵活性偏低，可以从增加宝宝的信任与安全感、提高他们的独立自主能力以及增强认知灵活性等方面进行改善。

07

宝宝喜欢抱着小毛毯睡觉，为什么？

　　小张的宝宝已经3岁了，平时行为表现都没有什么异常，就是有一点让小张纳闷发愁——宝宝对她的小毛毯特别着迷。晚上睡觉的时候，宝宝必须抱着这条小毯子，白天也会不时地找小毛毯，拿着小毛毯放在鼻子下闻很久，脸上露出陶醉的表情。有一次出去旅游没带上这条小毛毯，晚上宝宝一直哭闹着不肯睡觉。以后每次带宝宝出门，小张必带这张毛毯，就怕宝宝突然要却找不到。

　　这条小毛毯是宝宝出生后就一直在用的。宝宝刚生下来，小张就用这条毛毯包着她，宝宝很喜欢，每次洗完澡都要抱着毛毯，后来毛毯有点旧了，小张想换条新的，但每次宝宝都是哭闹着只要这条。给她买了条一模一样的，宝宝也不要。平时也不让家人动和收拾这条毛毯，连洗都不让洗，有次家人实在觉得脏，偷偷地洗了，宝宝闻一下就发现了，然后大哭不止，以后家人都不敢洗了。

心理解读

　　寻求安全感是小张的宝宝对小毛毯着迷的根本原因。宝宝的恋物行为是寻求安全感发展的必然结果，发展心理学认为，孩子在0—3岁阶段，最主要的发展任务是建立安全感。一位发展心理学家提出人格由出生到死亡有8个发展阶段，其中0—1.5岁的基本任务就是发展信任感，婴儿如果能得到照料者持续的关爱，那么就会发展出对世界的基本信任感。

　　不同亲子依恋类型会导致不同的恋物行为。依恋是婴儿与主要抚养者（通常是母亲）间的最初的社会性联结，也是情感社会化的重要标志，0—3岁是亲子依恋发展的重要时期。另一位心理学家通过陌生情境实验法，发现婴儿依恋类型有三种：第一种是安全型依恋，这类婴儿与母亲在一起时有足够的安全感，能在陌生环境中积极探索，当母亲离开时表现出不安，想要寻找母亲，母亲回来能抚慰婴儿；第二种是回避型依恋，这类婴儿的母亲在不在对婴儿没有太大影响，他们对母亲的离开与返回也没有太大反应；第三种是焦虑型依恋，这类婴儿的母亲对待孩子的态度一般会因自己的心情变化而不断变化，导致宝宝非常矛盾，不清楚自己在妈妈心中的地位，既寻求与母亲的接触，又反抗与母亲的接触。这三种依恋类型都会导致宝宝产生不同程度的恋物：安全型的宝宝当母亲不在时会依恋与母亲相关的物品，当母亲陪伴在身边时对物品的依恋会消失；回避型的宝宝母亲在与不在都会强烈依恋物品，对母亲的反应低；焦虑型的宝宝对物品的依恋程度也很高，但有时母亲能起到一定的缓解作用，有时他们又非常抗拒依恋物品，并且特别担心依恋的物品消失。

应对之道

如何帮助孩子减少恋物行为？

不可强行戒除，应顺其自然。孩子恋物是一种正常现象，家长要理解和接纳孩子在成长过程中正常的心理需要，不要过度紧张，更不可强行戒除，有些孩子即使长大后，仍然保留了这种恋物情结，但只要不对生活造成很大的影响，家长应顺其自然。如果父母过度干预，强行戒除，一方面会加重孩子的心理负担，觉得这是不好的行为，自己又无法克服，给孩子造成心理上的困惑；另一方面也会破坏亲子关系，让孩子对父母产生恐惧和不信任感。

增加有效陪伴时间，增强孩子的安全感。孩子的恋物行为归根到底体现的是孩子在父母不在身边时安全感的缺失，虽然孩子用物品替代父母，但物品只能暂时给孩子心理慰藉，毕竟物品不会说话，即使孩子想倾诉交流也只是自言自语。因此家长应尽量抽出时间多陪伴孩子，多跟孩子有适当的身体接触，在与孩子互动的时候，摸摸孩子的头，拍拍孩子的肩，握握孩子的小手，偶尔可以亲吻一下孩子的额头或脸颊，抱着孩子开怀大笑，等等。这种亲密的身体接触，让孩子能感觉到自己跟家长的亲近关系，也能让孩子体会到家长给孩子的快乐是物品所不能给的，这样他们就会逐渐把情感从物品转移到家长身上。

根据不同依恋类型宝宝的恋物行为，针对性处理。不同依恋类型宝宝的恋物行为存在明显差别，其中安全型依恋的宝宝的恋物行为是一种常态的安全感的替代性满足，随着年龄增大，恋物行为会逐渐消失。但焦虑型与回避型宝宝的恋物行为存在一定的偏差，他们对物品的依恋程度较高，并且与亲密的照料者（尤其是母亲）的关系冷漠或者焦虑，将情感过多投注到所依恋的物品上，这会影响宝宝健康的情绪情感发展。因此这两种依恋类型的宝宝的父母要适当调整教养方式，亲子依恋是在婴幼儿与父母的相互交往和感情交流中逐渐形成的，需要父母投入情感、耐心及持续不间断的爱意，敏感而准确地回应孩子的需求，去重新建立安全和信任的亲子依恋关系。

分散孩子对某一件物品的专注度，添加多样性的物品。孩子的恋物一般表现为对某一个物品极为专注，如果家长给孩子添加多样性的物品，就可以慢慢让孩子的注意力从一件物品上移开。可以用其他相似的物品逐渐取代依恋物品，比如孩子对小毛毯依恋，可以先买一件一模一样的毛毯与旧毛毯放在一起，孩子可能最初对这件新的不感兴趣，但如果新毛毯与旧毛毯一起出现的时间长了，孩子就会形成条件反射，在这件新毛毯上也能感受到安全感与满足感，最后逐渐取代旧毛毯，以此类推，再用新的物品来和新毛毯进行配对，最终逐渐改变孩子的恋物行为。

给孩子创设温馨的睡眠环境。孩子睡觉时对物品的依恋表现更为明显。家长每天睡觉前要给孩子创设温馨愉快的睡眠环境，让孩子带着愉悦的心情进入梦乡。当孩子已经对小毛毯等物品有了依赖性，不抱着就睡不着时，可以和孩子聊一下抱着小毛毯时内心的感受，这样的情感交流能缓解孩子的恋物情结。当孩子害怕时，要允许孩子和父母一起睡，等孩子建立了良好的安全感后，再和孩子分床睡。

心理小贴士

孩子恋物与"恋物癖"不一样，并不是心理问题，不应强行戒除，应理解并接纳孩子成长过程中的正常心理需要，顺其自然面对。如果恋物行为持续强度较大、时间较长，可进行适当的干预，如添加多样性物品、创设温馨睡眠环境、增强安全感等。

08
宝宝半岁后开始认生了，这说明了什么？

小李的宝宝是个男孩，长得就像年画里的娃娃，白胖胖的脸蛋，乌溜溜的眼睛，粉嘟嘟的小嘴巴，谁看了都想去逗一逗。而且宝宝性格也好，无论谁逗他都"咯咯"地笑个不停，乌溜溜的眼睛笑成了一条缝，特别可爱，小李也经常抱着宝宝外出。

可自从宝宝过了半岁之后，小李发现他发生了巨大的变化，宝宝开始认生了。不要说陌生人不能来逗他了，就连一些不太熟悉的人也不能接近，以前谁抱都可以，但现在只让妈妈或者家里人抱。有一次小李抱着宝宝在小区里散步，迎面走来小区的一个住户，她和宝宝打了个招呼，没想到宝宝大哭不止，而且身体开始发抖。小李当时非常尴尬，也觉得气恼："宝宝这是怎么了，为什么突然就变得胆小了呢，会不会以后性格很内向呢？"

心理解读

认生，也叫陌生人焦虑，主要指宝宝在与陌生人及陌生环境的接触中产生的小心注意及恐惧的情绪。它是婴幼儿发育的正常现象，普遍发生在6个月至2岁左右的宝宝身上，当然发生时间、程度以及持续时长也存在个体差异，每个宝宝会有略微不同的表现。

根据心理学家约翰·鲍比、艾因斯沃斯等人的研究，宝宝的陌生人焦虑可分为三个阶段。

第一阶段是无差别的反应阶段，一般发生在3个月以内的宝宝身上。这个阶段的宝宝对人是不加区分、无差别的反应，他们没有记忆保存能力，看到陌生人只会觉得好奇，喜欢盯着陌生人看，所以基本上对谁都不会拒绝，谁抱他们都可以，此时婴儿不会对任何人（包括母亲）产生偏爱。

第二阶段是有差别的社会反应阶段，一般发生在3至6个月的宝宝身上。这个阶段的宝宝开始有了情绪记忆，他们可以区分出亲人和陌生人。会对陌生人产生焦虑和不安全感，宝宝见到陌生人时会产生害怕的情绪，并且会记住这些引发自己情绪变化的记忆。因此他们可能开始对亲密的人更亲近，尤其对母亲会更偏爱，逐渐不喜欢陌生人。

第三阶段称为特殊的情感联结阶段，一般发生在6个月至3岁的宝宝身上。从6个月开始，婴儿出现了明显的对母亲的依恋，并对陌生人的态度变化很大。根据宝宝对陌生人的态度，又可分为以下3个小阶段：首先，6—12个月是宝宝认生表现的明显期，宝宝会拒绝与陌生人亲密接触，在陌生环境里会感到不安、恐惧，甚至可能哭泣、大喊大叫，这种情形到宝宝8—12个月会达到高峰；其次，12—24个月的宝宝仍然存在认生现象，但随着与周围人的交往逐渐增加，认生情况会逐渐好转；最后，24个月以后，这个阶段宝宝已能理解父母的需要，并与之建立起双边的人际关系，同时与陌生人相处的紧张焦虑感会慢慢消失。

认生是自我意识发展的结果。 6个月以后的宝宝认生，是宝宝自我意识发展的必然结果，也是他们成长的必经阶段。自我意识是一个人对自己的认识和评价，包括3个层次：对自己及状态的认识，对自己肢体活动状态的认识，对自己思维、情感、意志等心理活动的认识。这3个层次就是社会自我、生理自我和心理自我。6个月以前，宝宝不能意识到自己的存在，也不能把自己作为主体与周围的客体区分开来，在他们的世界里，自己和周围的人没有任何区别，都是一种客观存在，没有差别。到6个月左右，宝宝的发展进入一个质的飞跃的阶段，他们开始意识到"我"的存在、"我"的周围世界，因此也开始区分熟悉和陌生，这样就产生了认生的现象。

如何帮助宝宝度过认生期？

改变"认生是内向的表现"的错误观念，不强迫宝宝。宝宝的认生反应是正常和普遍的，与性格内向没有必然联系。有些父母把孩子认生与性格内向强行联系起来，担心孩子的人际交往能力受到影响，因此强迫宝宝必须和陌生人接触，比如强硬让宝宝叫陌生人或者让陌生人抱，这样会让宝宝产生更加强烈的抗拒情绪，家长只需要告诉陌生人"我的孩子现在处于认生期，需要和陌生人保持一段距离"就可以了。另外，给孩子贴标签也是不恰当的，例如有些家长觉得孩子不叫人很没面子，自己找台阶说"我家孩子就是胆小，我家孩子性格内向"，长期这样，孩子就容易形成定势思维。因此当孩子抗拒陌生人时，家长要理解这是孩子必然经历的认知发展阶段，并且尊重他们的情绪，要给孩子成长的空间和时间，静待花开。

帮助宝宝扩大生活圈。安全感是在孩子能够平静跟他人相处后逐步建立的，想要让宝宝不再惧怕陌生人及陌生环境，父母就要让宝宝多接触广阔的世界，接触丰富多彩的刺激。如到公园散步、去儿童游乐场所玩、参加早教班等。在这些地方，可以让宝宝接触各式各样的人群，感受不同人的声音和模样。慢慢地，这些陌生面孔逐渐进入宝宝的记忆中，最后宝宝就学会接受陌生人了。

根据孩子的年龄段逐渐引导。父母可以根据不同年龄段认生的特点教给孩子面对不同陌生人的方式。首先是3个月前，这个阶段孩子没有记忆力，也不会对陌生人产生抗拒，这时可以让宝宝到不同环境多接触其他人，并适应与不同人的亲密接触，如抱一抱，做好心理预期准备。其次是3—6个月，这个阶段的宝宝情绪记忆开始发展，家长可以有意识地向宝宝介绍与之接触的陌生人，比如告诉宝宝："这是李奶奶。"教宝宝与李奶奶握手、与李奶奶再见。在宝宝心中，他们会觉得有代号的物体更容易牢记，也更有亲切感。然后不断重复，让宝宝把陌生人转化为熟人。比如下次见面的时候和宝宝说："这是上次见到的李奶奶，宝宝还记得吗？"重复上次的问好、再见的动作，这样宝宝就明白了陌生人也会变成熟人，减轻6个月后明显的认生状况。最后是6—12个月，这个阶段家长可抱着孩子多参加社交活动，不需强迫孩子交往，让他们从做旁观者开始，默默地看父母与其他人交往时愉悦的表现，营造快乐交往的氛围，最后临别的时候，让宝宝说再见，或者挥手告别。如果要带宝宝到别人家做客，也要提前告诉宝宝，一会儿妈妈会带你去做客，你会见到一些没有见过的人，这些人都是妈妈的朋友，并让宝宝提前看一下照片。这样循序渐进的引导可帮助宝宝顺利度过认生阶段。

有意识地创设一些减轻认生状况的游戏活动。如果宝宝1岁后认生现象还较严重，父母可以和宝宝做一些过家家的角色扮演游戏，通过这些游戏有意识地减轻宝宝的认生焦虑。比如可以邀请朋友来家里，然后和宝宝一起接待朋友。父母可以和朋友先约定好，见到宝宝时如何表现，比如带宝宝喜欢的玩具上门，和宝宝一起做游戏，等宝宝逐渐接纳新的朋友，朋友再去拥抱宝宝。再比如还可以邀请不认生的孩子来家里玩，给他们布置玩耍区，放上孩子们喜欢的玩具、零食，让这些孩子带动宝宝一起玩，以同龄人的影响改善宝宝的认生现象。

心理小贴士

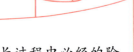

　　宝宝认生是自我意识发展的必然结果，也是宝宝成长过程中必经的阶段，家长要改变"认生即内向"的错误观念，可以通过一些方式，如扩大生活圈、减轻认生现象的游戏活动等帮助宝宝更好地度过认生阶段。

09
宝宝为什么总恋着父母的床?

　　小丽5岁了,是一名幼儿园大班的小朋友了。今天幼儿园老师上了一堂"我是独立的小宝宝"的课。老师让班上已经独自睡觉的同学举手,小丽惊讶地发现班上和她一样没有举手的同学只有寥寥几位,她羞愧得都想钻到桌子下面。其实小丽已经尝试过几次独自在自己的小床上睡觉,但每次都以失败告终。不是半夜偷偷爬起来重新回到爸爸妈妈的床上,就是根本睡不着,小丽怕黑,怕不知名的"恶魔",还怕有小偷进来。

　　从幼儿园回家后,小丽把课堂上发生的事情告诉了父母。小丽的妈妈听后却不以为意。她说:"宝宝还小,如果想和妈妈睡觉也没什么大不了的,而且,你晚上睡觉喜欢踢被子,要是我不在你身边,没人给你盖被子,着凉了怎么办?等你再大点,过了7岁再分床睡也不迟。"但爸爸却很不同意这样的观点:"新生儿时期宝宝和父母睡比较正常,过了1岁就应该独自睡觉,要有自己的房间、自己的床,否则会影响孩子的独立性。另外宝宝是女孩,与父亲有性别差异,一直与父母亲同床睡觉会影响宝宝的性别角色意识。"小丽听了爸爸妈妈的话不知所措,到底他们谁说得对呢?如果分床睡,自己心里也很害怕,怎么能让自己从此以后安心地独自睡觉呢?

孩子什么时候和父母分床睡？有没有固定的时间点？这是让很多家长困惑的问题，甚至很多专家也说法不一：一种观点认为应该早点分床睡，有助于培养孩子的独立能力；另一种观点认为过早分床睡，会影响孩子的基本安全感。其实，每个孩子的气质特征与家庭环境不同，这个问题没有标准的答案，早或者晚分床睡都各有优缺点，应根据具体情况来选择。一般来说，大部分的专家比较认同3岁分床、5岁分房的做法。

宝宝不愿意分床睡的原因是什么？

分离焦虑导致分床焦虑。分床焦虑是一种表象，在本质上体现了宝宝的分离焦虑，主要指婴幼儿因与亲人分离而引起的焦虑、不安或不愉快的情绪反应。

心理学家认为，婴儿与父母的依恋关系会经历4个发展阶段：第一阶段是前依恋阶段（0—6周），婴儿发出本能的信号，他们能辨认出母亲的声音和气味，但还没有形成依恋；第二阶段是正在形成的依恋阶段（6周—6个月），婴儿开始对熟悉的养育者和陌生人作出不同的反应，对于养育者开始形成信任感，对陌生人表现排斥，但养育者离开时不会抗议，尚未形成正式依恋；第三阶段是依恋形成阶段（6个月—18个月），婴儿对熟悉的人产生依恋，对养育者特别是母亲的离开表示强烈不满，会通过哭闹不让母亲离开，这种情况就是分离焦虑，婴儿在6个月—8个月左右开始出现分离焦虑，在15个月时达到顶峰；第四阶段是双向关系的形成阶段（18个月—2岁以后），随着儿童语言和认知的发展，他们逐渐接受母亲必须离开这一事实，并能预测她会回来，分离焦虑逐步减少，情绪从无奈接受到超脱理解。现代社会，大部分年轻的家长白天需要上班，只有晚上回家才有时间陪伴孩子，宝宝为了能和父母多待一些时间，满足自己对父母的依恋的情感需求，自然不愿睡觉时分开，所以就会出现分床焦虑。

想象力丰富导致睡前恐惧。发展心理学研究表明，婴幼儿的想象以无意想象为主，而且他们的想象容易与现实混淆，并具有特殊的夸大性。他们常常会把童话故事当成真的，也会把自己臆想的事情、渴望的内容当成真的，并以肯定的口吻告知他人。比如有些宝宝听了妖魔鬼怪的故事，就发挥想象，认为到了晚上故事中的妖怪就会出现在自己的身边，从而加深了对于单独睡觉的恐惧心理。

对黑暗的恐惧。 怕黑是年龄较小的孩子身上常见的现象，从进化心理学角度看，人类祖先生活水平低，黑暗是生存最大的威胁，黑暗中可能受到猛兽的攻击，因此长期以来人类都是害怕黑暗的，这种恐惧和不安深植在人类的潜意识中，并通过遗传留给一代又一代的后辈。虽然进入现代文明社会，但对黑暗的恐惧仍存在于个体的潜意识当中。所以儿童怕黑是一种天性，一旦进入黑暗环境，孩子会产生本能的不安，这时父母在身边会给孩子带来安全感，这也导致了孩子不愿意离开父母，独自面对黑暗。

父母不愿与孩子分开。 分床焦虑不仅体现在孩子身上，很多父母也不愿意和孩子分开睡觉。在中国的很多家庭中，当孩子出生后，亲子关系就凌驾于夫妻关系之上，很多夫妻顺理成章地分床了，二孩家庭更加如此，父母分别带着一个孩子睡觉。当这种行为成为一种习惯，家长不愿意让孩子离开自己，特别是夫妻关系紧张的父母，潜意识深处他们会把孩子当成情感的寄托、亲密关系的来源。所以当孩子成了父母另一半的情感象征，亲子关系就不再纯粹，孩子的情感世界也由此会变得复杂且混乱，这对孩子情绪情感的发展有一定的消极影响。

没有做好分床睡觉的心理准备。 有些家长在分床、分房睡觉之前没有提前告知，也没有任何征兆就突然决定让孩子独自睡觉，并且在做出决定后立即执行，这让孩子没有心理预期，同时也会激发起孩子的逆反心理，认为父母突然不喜欢自己了。尤其是多子女的家庭，这样做更容易让孩子产生这种想法，因此他们会抗拒分床睡。

分床睡的好处有哪些？

减少意外事故的发生。 宝宝和大人分床睡觉，可以防止被大人的手臂或背部阻碍呼吸而导致窒息。另外，有些大人睡觉翻身、打呼噜、磨牙等不良睡眠习惯会影响宝宝的睡眠，分床睡会让宝宝的睡眠环境相对安静，空气也比较新鲜，可以提升宝宝的睡眠质量，有利于宝宝身体健康。

减少宝宝对父母的依赖，培养其独立性。 调查表明，很多五六岁甚至年龄更大还要和双亲同床睡觉的孩子，其日后往往依赖性强，缺乏自主意识。分床睡觉是孩子锻炼独立性和减轻对父母依赖程度的好机会。在分床睡的过程中，宝宝需要独自战胜恐惧，迎接挑战，变得更坚强，日复一日，有利于培养孩子的独立能力。

建立良好的性别观念。 如果孩子与异性父母长期一起睡觉，很容易导致孩子性心理发展停滞不前。俗话说，女大避父，儿大避母。虽然父母是孩子生命开始时最重要、最熟悉的人，可随着身体逐渐成熟，异性父母需要把握与孩子的亲密关系的度，保持一定的距离。根据心理学家弗洛伊德的性心理发展阶段理论，孩子3—6岁正处于性器期，孩子对性产生强烈的好奇，同时对异性父母产生好感，如恋父情结、恋母情结。因此幼儿期孩子与父母分开睡觉可以帮助孩子建立良好的性别观念，顺利度过性器期。

 ## 应对之道

如何循序渐进引导孩子分床、分房睡？

分离焦虑是孩子认知发展的必经阶段，孩子们不仅会出现分床焦虑，还有入园焦虑等相关的行为表现，因此父母要及时捕捉孩子成长的信号，在理解孩子心理需求的基础上帮助孩子更好地适应分床睡觉，处理好分离焦虑。

引导孩子正确看待分离。 "分离"是孩子人生中重要的一课，家长要帮助孩子学习处理自己的情绪，正确看待分离。分离必然会给孩子带来痛苦，引起他们的哭泣，这种行为反应是正常的，是他们在成长过程中需要学习应对的必修课。有些家长为了避免分离这种看似"残忍"的场面发生，就采用躲避、转移注意力等方法让孩子回避面对分离的感受。实际上这种做法适得其反，从长远来看，以后让孩子适应接受"分别"这件事会变得非常困难，而且也会影响家长与孩子之间的信任感，反而不利于孩子的正常发展。家长可以先直面孩子的情绪，允许孩子哭泣，表达痛苦、恐惧。然后告诉孩子家长知道他们的痛苦，但是他们需要自己忍耐，要学着成长，学着度过，等长大一点，慢慢地这种痛苦就会减少然后消失。保护好孩子脆弱而又敏感的心，当他们自己学会克服分离带来的恐惧后，所获得的成就感和对父母最终的信任感就会引导他们走向真正的健康稳定。

回归纯粹的亲子关系。 很多专家呼吁：婚姻中千万不要让孩子取代伴侣的位置。从分析心理学角度来看，人类有同床共枕的集体潜意识。"十年修得同船渡，百年修得共枕眠。"同床在人类的内心深处是爱情、夫妻及性关系的象征，如果长期与孩子睡眠，亲子关系会在一定程度上替代夫妻关系。因此，在健康的家庭关系中应让孩子归位，让爱人回到自己的角色，伴侣应同房同床。要明白，只有夫妻关系健康，才有健康的亲子关系。

提前给孩子心理暗示。让孩子与父母分开睡觉，本身就是一件打破固有习惯的事情，不可操之过急，需要循序渐进。在决定与孩子分床睡之前，家长就要提前做好准备工作，告诉孩子家长的决定，让他们提前做好心理建设，慢慢地接受。家长可以先让孩子在父母的大床旁边睡自己的小床，然后在小床上摆上孩子喜欢的物品，如娃娃、枕头、小毛毯等。当孩子适应了后就告知孩子需要分开房间睡觉了。家长可以和孩子一起布置他们的小房间，房间里所有的摆设如桌椅、床、书，床铺的颜色、床上用品等，都让孩子来选择和决定。这样，孩子对自己的房间就更有归属感、更感兴趣，从内心深处可以接受自己的房间和床，提高孩子对于分房分床睡觉的认可程度。

营造安全舒适的睡眠环境。当孩子准备独自睡觉时，家长也要帮助孩子在安全舒适的环境中睡着。具体做法有以下五点：第一，打开房门，在孩子从父母房间回到自己房间睡觉的初期，可以打开孩子房间的门，告诉孩子父母就在他/她的房间的隔壁，让孩子有安全感；第二，讲睡前故事，睡前家长可以给宝宝讲一个小故事，孩子听着故事，在父母温柔、充满爱意的声音中逐渐进入梦乡；第三，准备安抚物，不少孩子睡觉时都要抱着依恋的物品如娃娃、玩具等才睡得踏实，家长要给孩子安抚物，满足孩子的情感需求；第四，开灯睡觉，有些孩子怕黑，家长可买一个小夜灯，把灯光控制在不影响孩子睡眠的亮度；第五，播放轻音乐，如果父母在睡前无法做到给孩子讲故事、拥抱、互道"晚安"，也可以尝试用一些轻音乐、故事音频代替自己陪伴孩子。

教给孩子处理情绪的方法。日常生活中家长要教给孩子正确处理情绪的方法，培养孩子的情绪管理能力，同时家长也要做好榜样示范。比如在和宝宝分离的时候，家长要理解孩子的情绪并引导孩子用语言表达情绪："宝宝现在哭了，因为和妈妈分开睡觉，我知道你很难过，也有点害怕，宝宝可以说出来。"另外在其他场合父母也可向孩子表达自己的情绪，比如妈妈送宝宝上幼儿园时可以说："妈妈也舍不得离开宝宝，离开宝宝妈妈也很难过，所以妈妈上班会一直想念宝宝的。"让孩子了解妈妈离开宝宝也会有难过不舍的情绪，即使妈妈不在身边，但妈妈的爱同样可以陪伴宝宝。

心理小贴士

　　宝宝不愿意和父母分床睡是分离焦虑的体现，不能强行要求孩子，应在理解宝宝的基础上循序渐进地帮助孩子一步步独立，确保孩子在安全和信任的基础上完成与父母的分离。

10
两岁的宝宝为什么爱说"不"？

很多妈妈发现宝宝到了两岁之后，就开始变得不听话了，喜欢和大人对着干，怎么说都没有用，这让宝妈们非常头疼。一位宝妈说道："我家宝宝从睁眼开始，就把各种'不'挂嘴边。不要起床，不要刷牙，不要喝水，不要尿尿……"另一位宝妈也表示："我家宝宝两周岁之后突然开始各种'作'，你忙的时候他一定要让你陪，你告诉他什么事情不能做就偏要去做。"

在生活中，我们常常发现两岁的宝宝是这样与家人对话的。"宝宝，我们先吃饭，一会再玩好吗？""不！我就要先玩。""宝宝，我们看动画片不要太靠近电视，好不好？""不！我就要靠近。""宝宝，我们去李阿姨家找小丽妹妹玩，好不好？""不，我要去张阿姨家。"宝宝开始频繁说"不""就要"，以各种方式拒绝与照料者互动，是照料者照顾得不好，宝宝在表达不满吗？还是宝宝的性格暴躁，不知道如何与人交往呢？

心理解读

其实，两岁孩子出现这种"作"的现象是儿童自我意识发展的表现，他们与照料者"对着干"，其实是在表达自己的诉求，渴望独立，这在发展心理学上被称为儿童人生道路上出现的第一逆反期。

自我意识逐步发展。从自我意识发展阶段来看，两岁的宝宝开始闹独立。他们想要体现自己是一个已经长大且具备一定能力的个体，开始了"宣誓主权"的一系列行动，如果父母不能满足自己的想法，就会大哭大闹，迫切想要自己完成很多事情。比如他们什么事都要自己来，什么都要听他们的，表现得特别有主意。但在家长层面，他们对孩子还停留在婴儿时期的照顾方式，对孩子的一切活动都是按照自己的意愿和想法来安排。家长们认为孩子的能力有限，即使孩子想要自己做，有时也会限制孩子自主的行为。因此宝宝的独立行动和家长的强烈呵护产生了矛盾，一个是"我要做"，一个是"我替你做"，这样就必然导致宝宝爱说"不"，非要和家长对着干的事实表象。

自我中心化。一位教育学家提出了"自我中心化"的概念，认为2—7岁孩子处于前运算阶段，他们的思维特点就是自我中心性：儿童往往只注意自己的观点，不能接受他人的观点，也不能将自己的观点和他人的观点相区分和协调。所以宝宝的自我意识以自我为中心，一切都要按照他们的意志进行。在他们的世界里，只能看到自己的想法，无法理解他人的想法。因此这个时期的孩子是很难讲道理的，他们一定要按照自己的逻辑来，这就是让很多父母感觉两岁的孩子怎么哄、劝，怎么讲道理都没有用的深层原因。

自我受挫的结果。宝宝因为自我意识的发展，什么都想试一试，但因为能力有限，又什么都做不好，比如他们很想自己吃饭，结果往往弄得到处都是饭粒和菜汤；甚至他们还想做家务，看到妈妈洗碗，他们也想洗自己的碗筷，结果可能是把碗打碎了。这些无力控制的情况让孩子们非常有挫败感，再加上也不能自如地说出自己的需求和感受，所以常常感到很沮丧，甚至产生自己"无能"的感受。而这种沮丧无能的感受如果没有得到父母及时有效的接纳和处理，宝宝很容易产生对抗、逆反的行为，从而转移这种沮丧的感觉，例如案例中宝宝出现的各种不听话、喜欢和大人对着干的表现等。因此从这个意义上来看，宝宝的对抗行为可能是自我受挫的结果。

好奇心导致。婴幼儿时期正是好奇心旺盛、活泼好动的时候，世界对宝宝来说就是一个神奇的游乐园，他们时刻充满了好奇和探索的欲望。但家长可能出于安全的考虑又或者没有足够的精力陪伴宝宝探索，所以会阻止宝宝的探索行为。而这种较为简单粗暴的阻止方式，会切断亲子之间良性的沟通，宝宝会感到自己的好奇心不被理解或是受到冷落，导致他们会表现出反感的态度，从而激起他们的反抗情绪，对家长说"不"。

家长不良的语言表达方式。有些学者认为家长不良的语言表达方式也会导致宝宝的反抗。常见的有两种：第一种家长过于唠叨。很多家长在教宝宝的过程中担心宝宝没有听懂，就会反反复复、喋喋不休地说个没完。这只会增加宝宝的烦躁和反感，即使他/她明明知道父母是正确的，也会不听话，故意反着来。这在心理学上是"超限效应"在产生作用，它是指由于过度的刺激以及刺激作用时间过长而产生的逆反心理。这种效应来源于作家马克·吐温的真实经历：有一次马克·吐温去听牧师演讲，刚开始马克·吐温觉得牧师讲得很好，打算捐款；但是十分钟之后，牧师还在讲，马克·吐温有点不耐烦，决定只捐些零钱；又过了十分钟，牧师还在喋喋不休，马克·吐温决定不捐了；当牧师结束演讲开始募捐时，马克·吐温不但分文没捐，还从盘子里拿走了2元钱……第二种家长喜欢否定的口头表达。家长经常对宝宝使用否定语言，如"你不要这样做""你不是一个好宝宝""你这样做我就不喜欢你"等，一方面宝宝会效仿这样"说不"的语言表达方式，另一方面宝宝也会感到被否定、不被理解，从而激起反抗、和家长对着干的心理。

应对之道

面对孩子自我意识的发展，父母可以这样做

通过以上分析可以看出，两岁左右的宝宝逆反、任性、不讲理，是他们发展过程中正常且普遍的现象，父母不用过多担心。当然，在这个阶段，父母也要引导好宝宝，让他们顺利度过这个逆反期，促进他们自我意识的发展。

理解并尊重孩子自主的需求。家长要知道并理解孩子这个年龄段的特点就是什么都还没懂，但是又想自己做主，要带着爱和耐心去尊重他们的心理需求。只要不是原则性的问题，不是危险的行为，允许宝宝独立探索，把主动权交给他们自己。比如在玩玩具时，宝宝喜欢哪一种，就让他们根据自己的爱好，让他们自己做出选择，而不是父母越俎代庖，替他们做出决定。即使选择错误或者事情没有做好，父母也不要幸灾乐祸或者严厉训斥，而是要帮助宝宝一起处理，承担后果。

如果家长在有些事情上实在无法尊重宝宝的意见，那么可以用选择题代替是非题，给予宝宝选择的机会，当宝宝有了选择权后，也会有"当家作主"的感觉。当你在问宝宝"要不要"的问题时，得到的答案经常是"不"，如果换个问法，得到

的答案可能就不一样了。比如，今天天气很冷，家长想要宝宝多穿一些，如果问："宝宝，今天天气变冷了，妈妈给你多加一件衣服，好不好？"那么得到的答案很有可能是"不"。但如果我们换成选择题问："宝宝，今天天气变冷了，你觉得你想多穿一件小背心还是多穿一件外套呢？"不管宝宝做出哪种选择，加衣服的目的都可以达成，而且也能满足宝宝独立自主的需求。

接纳并有效处理孩子的挫败感。当孩子在独立过程中因为挫败而表现出对抗、逆反时，家长不要去焦虑是不是孩子的性格出了问题，也不要把正常的小问题扩大化，而是要保持耐心，缓解孩子的挫败情绪，慢慢地引导他们接纳并处理自己的挫败感。具体做法可以参考以下三点。第一，让孩子感受到情感上的支持。在孩子失败时，家长应当先给予孩子情感上的支持，让孩子感到即使自己失败，仍然是被爱和被接纳的。例如给孩子一个拥抱、一个亲吻，从而帮助孩子建立相信自己会无条件被爱的安全感。第二，积极面对孩子的挫败感，让孩子领会失败是成长过程中的必然现象。心理学家曾说过："看见即疗愈。"家长要允许孩子有挫败感，慢慢引导孩子说出来，或由照顾者说，让孩子点头、摇头进行确认。只有当孩子的情绪被看见，孩子有渠道可以宣泄之后，才会逐渐回归理性。第三，帮助孩子从失败中学到更多的知识和经验，当孩子面临失败时，父母需要和他们一起面对困难，并给出有效的解决方法、建议。

有意识地训练孩子的延迟满足能力。发展心理学的"延迟满足"实验表明，那些能为了多吃糖果而选择等待更长时间的孩子，长大后学习成绩更好，事业也更成功。这说明延迟满足可以增加孩子的耐心，让孩子变得冷静而理性，这是培养孩子独立自主能力的有效方法。有些家长为促进孩子自我意识的发展，无条件地顺从、放任孩子各种任性、胡搅蛮缠的行为，反而会阻碍孩子心理成熟，让孩子变得盲目冲动。因此，家长要有意识地训练孩子的延迟满足能力，使他们能够在面临种种诱惑时控制自己，专注于更长远的目标。孩子从根本上控制了自己，才能感受到控制外在世界的力量，从而真正实现独立自主。

保持温和而坚定的态度。对于原则性的问题，照顾者要坚持温和的态度和坚定的原则，让宝宝理解某些行为是坚决不可以做的。照料者要让宝宝从小就意识到规则对一个人乃至一个社会的重要性。只有让孩子明白规则，他们才能将自我的能力及欲望调整到一个合适的尺度里，并逐渐将这种外在规则内化，形成可被社会接受的行为准则。家长可以通过生活中的实践，比如去超市买东西必须付钱，让宝宝明白规则是不允许商量的，必须遵守。同时家长也可以根据自家宝宝的特点，为他们制定一些小规矩。例如吃饭前必须洗手，起床后必须刷牙，身体脏了必须洗澡，等等。定下规矩后，家长要以身作则，与孩子共同遵守。如果没有做到要给予一定的惩罚，让宝宝知道家长的决心和态度，这样他们就会慢慢知道什么是能做的，什么是不被允许的。

改变不良的语言表达方式。在家庭当中，家长要改变自身不良的语言表达方式。首先，停止自己的唠叨，相同的话语不需要反复强调，有效利用规则解决问题。比如孩子看电视看过了时间，家长常常会提醒孩子该睡觉了，一遍不行，提醒两遍，这种方法不但不能有效地遏制孩子的行为，而且会让他们越来越反感。家长可以提前给孩子制定好规则，限制好时间，告诉孩子在几点几分必须关掉电视机即可，这其实就是"用行动代替唠叨"。其次，家长要尽量避免使用否定词，经常使用认同的、正面的、积极的词句，帮助孩子养成积极、正向的语言方式。比如，当孩子想睡觉、不想起床时，家长不要一开口就是"不许""不行""不能"，可以试着说："我们再睡2分钟，就可以起床啦。"这样不仅尊重了孩子的意愿，也教会了孩子人际交往的正确处理方法。此外，孩子的表达能力有限，很多时候他们无法确切地表达自己的意愿，只能说"不"，因此家长也要有意识地培养宝宝的语言表达能力。

心理小贴士

　　两岁宝宝爱说"不"是进入第一逆反期的表现，是儿童自我意识发展的必然结果，应尊重孩子表达独立的心理需求，在安全范围内尽量满足孩子的自主决定的要求，在原则性的问题上保持坚决态度，帮助孩子成为一个既独立又讲原则的人。

11

宝宝也会吃醋？

　　小芬迎来了二胎宝宝，她4岁的大儿子也当哥哥了。在小芬怀孕的时候，大宝非常开心，希望有小弟弟，还和妈妈拍着小胸脯保证说："我会好好照顾弟弟。"可是随着小弟弟长大，小芬发现大儿子越来越嫌弃弟弟了，有好玩的玩具不仅不给弟弟，还会去抢弟弟的，甚至故意气弟弟哭。有一次，小芬让大儿子给小儿子分一个玩具，结果大儿子大发脾气，又哭又闹，还嚷嚷自从有了弟弟，大家都不喜欢他了。

　　大儿子这种吃醋的情绪不仅针对小儿子，也针对其他小孩。前几天小芬带着大儿子逛超市买了很多零食，正好遇到带孩子的闺蜜。出于礼貌，小芬把买的零食分了一半给闺蜜的孩子。结果大宝非常生气，用特别不满的眼神盯着闺蜜的孩子，回家后就把自己关在房间，并对小芬说："妈妈现在一点也不喜欢我了，对别人的小孩都要比对我好。"

心理解读

嫉妒的含义是什么？

　　成长过程中，不少父母会将孩子的吃醋行为看作童年趣事。然而盲目的恶意嫉妒，会使孩子陷入消极心态，案例中小芬大儿子的吃醋表现其实就是消极嫉妒心理。心理学认为，嫉妒是通过将自己与他人进行比较，从而发现自己的才能、名誉、地位或者是其他方面不如别人，进而产生的一种由羞愧、愤怒、

每天学点心理学：婴幼儿心理健康知识手册

怨恨等组成的复杂的情绪状态。不过，嫉妒也不完全是消极的，荷兰心理学家范德温把嫉妒分为两种类型，即善意嫉妒和恶意嫉妒，前者以积极健康的方式利用内心的嫉妒情绪激励自己更加努力，如常说的"知耻而后勇"，而后者是一种消极的心理现象，容易对他人产生排斥甚至敌视、恶意打击等。

研究表明，嫉妒作为人的一种本能，是一种正常的心理现象，个体不但会在一定条件下产生嫉妒，而且也有被人嫉妒的愿望。婴儿从16—18个月就开始出现嫉妒表情，2—3岁的宝宝就存在较明显的嫉妒心理。当宝宝认为别人比自己拥有更多、更好的事物的时候，无论是物质上的，还是精神上的被认可，他们内心都会产生嫉妒感。

恶意嫉妒的危害有哪些？

影响孩子的个性特征。从进化心理学的角度看，孩子之所以会产生嫉妒心，本质上是因为自己获取的生存资源比别人少。嫉妒心太强会使宝宝想要占有更多的资源，不愿分享，这样孩子会变得较为自私，做起事来只考虑自己的利益，而不会顾及周围人的感受。同时，嫉妒心过强也会让孩子心理不平衡，看待问题容易钻牛角尖，不容易宽恕别人的过错，对别人苛刻，对自己宽容，易形成心胸狭窄、目光短浅的个性品质。

影响孩子的人际交往。如果宝宝的嫉妒心太强，什么事情都想和别人比较一下，什么事情都想和别人争执一下，不愿意朋友比自己好，自然也就影响到宝宝与朋友之间的正常交往，最终会导致孩子的朋友减少。另外，如果父母没有及时引导疏解宝宝的嫉妒心理，宝宝可能会做出一些伤害他人的行为。

宝宝产生嫉妒的原因有哪些？

害怕失去爱。孩子希望能够被爱，只有被爱才有安全感。当父母把原本给自己的爱也给其他人的时候，孩子便会不高兴。这是宝宝天生就有的一种自我保全的强烈意识，担心失去爱自己的人。比如，父母去抱其他的孩子，或者家里人把更多的注意力放到弟弟或妹妹身上，这样的行为便会让孩子觉得自己的爱被分走了，因此产生嫉妒心，进而通过发泄自己的情绪吸引家长的注意力。

家长的比较心态。家庭是孩子成长最主要的环境，父母的行为直接影响着孩子的性格。家长们切记不要拿孩子与别的孩子进行对比，甚至经常在孩子面前说一些比较性的言论，比如"楼上小明真棒，乖乖吃饭，吃得多，长得也好，哪像你""小李家的宝宝唱歌真好听，成绩还优秀"……孩子听完后就会觉得别人优秀，别人比自己强，就是因为别人自己才总受到责备。这种做法很容易让孩子迁怒别人，甚至会出现恶意伤人的行为。其实任何人都是不喜欢被比较的，孩子的内心更加敏感脆弱，如果长期在比较中成长，可能造成孩子心理的扭曲。

家长对孩子的过高要求。 有些家长对孩子有不符实际的高期望，对孩子各方面都提出了极为苛刻的要求，当孩子达不到自己的要求，而别的孩子达到了，孩子自然会对那个"别的孩子"产生嫉妒。其实每个孩子都有自己的优势和劣势，要求孩子在每个方面都尽善尽美，本身就是一件"不可能的任务"，家长要意识到孩子本身的差别，引导孩子努力做好自己，在孩子完成每一件事时看到孩子努力的过程，不应太注重结果。

应对之道

父母该如何帮助孩子处理好嫉妒情绪？

嫉妒心作为人性的弱点之一，需要经过成人的引导，进而由消极面转向积极面，促进宝宝健康成长。

给予孩子安全感。 在成长过程中，父母应当给予孩子足够的安全感，让孩子感受到父母的全部关爱。公平对待每一个孩子，不要刻意引起孩子的嫉妒。有二孩的家长更要公平对待大的孩子，不要以"大的应该让小的"为理由，让大孩子心理失衡。如果有小朋友来家里玩，也不要不顾孩子哭闹将玩具硬给其他小朋友玩，应引导孩子热情接待小朋友，同时注意对孩子进行保护弱小、礼貌待人等礼仪教育。

减少孩子与他人的比较。 每位家长都希望自己的孩子比任何人都聪明，每个孩子都希望受到父母的重视，不希望父母拿自己和别人进行比较。因为这种对比就意味着父母不是无条件地爱自己，如果自己没有比过别人，很可能失去父母的爱。宝宝长期承受这种心理压力，那么爸妈对别的孩子表现出一点点好感的时候，宝宝心里就会爆发出很强的嫉妒心。因此家长应尽量避免将孩子与其他孩子比较，少用对比字眼，减少对其他孩子的夸赞，给自己宝宝更多的安全感。

同时，家长也要为孩子树立良好的榜样，以身作则，在生活中减少自己与同事、朋友的比较，能够真诚地祝福比自己成功的人，努力做自己能做的事情。那么在家长的熏陶下，孩子也能够潜移默化地改变，逐渐消除自己的嫉妒心。

教孩子宽容待人，欣赏他人。随着年龄增大，孩子越来越会发现个体差异。由于生活环境不同、个人能力不同，可能导致一些孩子因为落差而产生嫉妒心理。比如别的孩子买了新款玩具、穿了新衣服、歌唱得好、舞跳得好等，这些都可能会导致孩子内心不平衡。家长要告诉孩子，每个孩子都有自己的生活背景、优势和特长，所以在生活中都会有差异，这并不代表自己不如别人，要学会欣赏他人，变得"大度"起来。让孩子的好胜心趋于平常心，坦然地接受社会与个体的不同差异。

让孩子看到自身的优点和独特性，保持自信。嫉妒心强的孩子总是看到自己的不足和他人的优点。而且他们不愿接纳自己的过错，常常用错误惩罚自己，在认知上存在"以偏概全"的非理性特征，觉得自己满是缺点，常做错事，而别人身上都是优点，从不犯错。家长要让孩子们明白，每个人都有擅长和不擅长的地方，有可能你拥有的东西，别人未必拥有，因此不要拿自己的短处跟别人的长处比。当发现孩子与别人相比有落差的时候，父母更要从另一方面夸赞自己的孩子，给孩子鼓励，让孩子明白每个人都各有特点，以此来缓解孩子的自卑与嫉妒心。当孩子出现小差错的时候，父母要教导孩子以平常心看待失败，允许孩子失败。同时也让孩子知道每个个体都是独一无二的生命体，都有存在的独特性，是不能被代替被复制的，都值得所有人尊重和认可。

引导孩子学会合作共赢。家长应该积极地引导孩子将嫉妒的心理转化为向榜样学习的心理，促使孩子不断进步。比如家长可带孩子参加棋类、运动类等的比赛，当孩子失败的时候，开导和鼓励孩子继续努力，下次再战。当孩子成功的时候，也不要盲目地夸奖孩子，告诉孩子，虽然赢了，只能证明你的努力有了成效，要再接再厉。及时帮孩子树立正确的成功观念：成功时不能太过骄傲，而失败时也不能太自负，所有的成功都是通过努力获取的，努力才是成功的前提。

同时，要引导孩子树立"在合作中竞争，合作共赢"的观点，让孩子明白强者不一定拥有快乐，想要真正的快乐就要在与他人的交往中体验成就感。尤其在现实生活中，不一定是你赢我就输，人与人之间不会永远都是竞争关系，很多时候可以互相学习、互相帮助，让大家都赢，最终让孩子学会合作共赢。

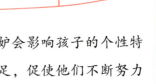

心理小贴士

　　嫉妒是人的生理本能，也是一把双刃剑，恶意嫉妒会影响孩子的个性特征及人际交往，而良性的竞争能让孩子看到自身的不足，促使他们不断努力提升自己的能力。孩子心怀善意嫉妒还是恶意嫉妒，取决于家长的引导和孩子的选择，当孩子学会不用嫉妒恶意诋毁他人，而是努力尝试超越时，嫉妒也可以成为孩子前进的动力。

12

宝宝喜欢乱发脾气，这是怎么了？

小尹有个活泼可爱的儿子，小名叫豆豆，今年4岁多了。豆豆天性活泼，但是控制不了脾气，动不动就发脾气。什么事情都可能惹他生气，只要不如意，豆豆就大发脾气，有时甚至打人、摔东西。这天从早上起床开始，豆豆就闹起床气，小尹来给他穿衣服，他把衣服扔到地上，还用脚乱蹬妈妈。吃早饭时，豆豆又嫌弃早餐不好吃，噘着嘴巴闷闷不乐，吃了几口就不吃了。在幼儿园里，豆豆和一位小朋友因为搭积木又闹矛盾了，他觉得小伙伴搭得太慢了，想要帮他搭快一些，可是小伙伴想自己来，豆豆一生气把整个搭好的积木全部推倒了。过了一会儿，豆豆又生老师的气了，因为老师表扬了他的同桌，没有表扬他，他气得跺起脚来。好不容易等到放学，小尹也没有第一个来接他，而是直到班上小朋友都快走光了才姗姗来迟，豆豆气得赖在教室里，不和妈妈回家了！

小尹每次说起豆豆都是一脸无奈："孩子性格真是执拗，真不知道该拿他怎么办……"只要稍不顺豆豆的意，小尹的日子过得就像灾难片似的。幼儿园的老师也反映，豆豆本质上很善良，爱帮助小朋友，能力也很强，可是个性有点争强好胜，任何事都喜欢争第一，讨厌输，输了就会哭闹，耐挫能力较弱。

心理解读

人有七情六欲、喜怒哀乐，情绪是人的心理的重要组成部分。很多调查研究表明，由于受到家庭环境变化及社会压力的影响，目前我国婴幼儿的情绪健康状况面临一些挑战，他们的情绪认知、理解与调节能力需要不断提升。脑科学研究也发现，0—6岁是人脑发育的关键时期，同时也是情绪能力发展的敏感阶段。因此在儿童阶段对情绪管理能力进行有效的培养和训练，可以为儿童成长期各项能力的全面发展打下坚实的基础。

情绪发展的阶段特征

婴幼儿情绪在不断完善与发展中，情绪管理能力不成熟，如前所述，在这个年龄阶段的宝宝情绪呈现出易感性、外露性、冲动性的特征。因此这时期的宝宝情绪管理能力弱，容易发脾气，家长要理解并接纳婴幼儿情绪发展的特点。

婴幼儿爱发脾气的原因

语言能力匮乏，不知如何表达负面情绪。婴幼儿的语言能力还很匮乏，表达能力不强，他们在宣泄不舒服情绪的时候，想用语言通知妈妈却表达不出来，就会提升语调发脾气，会把发脾气当作自己的情绪来表达。这个时候，如果家长没有完全理解他们的意思的话，他们可能就会着急，随之脾气也就会暴躁。同时，宝宝这时候的自我意识比较强，好奇心也比较强，喜欢主动去探索，但在探索中又容易受挫败，他们想要表达自己的挫败心理，却表达不出来，只能通过发脾气来进行宣泄。

亲人的溺爱。当今的孩子都是备受家长们的宠爱，几乎每个家长都会围着孩子转，不管孩子提出什么要求，都尽自己最大的努力去满足孩子。如果孩子长期沉溺在家长的有求必应中，就会变得自以为是，还会很自私，不管做什么事情，都只会考虑自己的利益，不顾及别人的感受。一旦有一些不合心意的事情，他们就会乱发脾气，变得暴躁。还有些孩子把发脾气作为满足需求的一种手段，当他们想要新的东西时，就会把"发脾气"当作手段，胁迫家长购买。

家长不良示范。苏联教育学家马卡连柯说过："不要以为只有你们同儿童谈话，或教导儿童、吩咐儿童的时候，才是在教育儿童。在你们生活的每一瞬间，甚至当你们不在家的时候，都教育着儿童。你们怎样穿衣服，怎样跟别人谈话，怎样谈论其他的人，你们怎样表示欢欣和不快，怎样对待朋友和仇敌，怎样笑，怎样读报——所有这些对儿童都有很大的意义。"[1]家长们的言传身教对孩子的性格养成有直接或间接的导向作用，孩子的脾气不好，与平时父母的情绪表露方式有很大关系，如果父母善于控制情绪，那孩子脾气坏的概率很低。所以家长也要给孩子树立一个好的榜样，让孩子看到家长是如何控制自己情绪的，孩子才会慢慢地改变。另外，很多家长在发现自家孩子脾气不好的时候，总是想着用更坏的脾气来压制他们，但是这种做法往往得不到很好的效果，反而会带来负面的影响。

 ## 应对之道

家长要如何引导爱发脾气的孩子？

允许孩子合理适度地宣泄情绪。孩子是一个独立的个体，有自己的想法、感受和情绪。消极情绪是他们生活中的正常生理反应，家长需要让孩子合情合理地表达与宣泄。另外，要及时帮助孩子宣泄消极情绪，如果长期压抑消极情绪，会影响孩子的身心健康。在悲伤痛苦时，忍住泪水是不合适的。在愤怒时也需要及时宣泄，但不是大发脾气，可以采取一些运动或者喊叫的方法释放。比如对着敞开的窗户喊，对着天空大喊，只要不伤害别人又是在安全的场所，都可以通过喊叫发泄心中的不满情绪。另外，奔跑、打球或其他运动类的游戏都有助于孩子愤怒情绪的释放。总之，家长要学会接纳孩子情绪表达的需求，允许孩子在合适范围内表达自己的愤怒、委屈等消极情绪。

接纳宝宝的消极情绪。一般来说，人与人沟通的信息中，大部分信息是情绪，小部分信息是内容，情绪处理好了，问题也就迎刃而解了。因此要让孩子接受家长的观点，首先家长就要接纳并处理好孩子的情绪，而接纳孩子的情绪首先就要识别孩子的情绪，并表达理解和接纳。对孩子的情绪行为进行客观的描述，而不做评判，告诉孩子"我知道"。比如："宝宝，妈妈知道你的玩具车坏了，你很难过，是不是？"当孩子知道父母理解接纳他们的感受的时候，基本上情绪都会更平静。然

① 马卡连柯：《儿童教育讲座》，载《马卡连柯全集》（第4卷），《马卡连柯全集》编辑委员会编辑，耿济安、高天浪、王云和译，人民教育出版社，1957，第400页。

后父母要做一个倾听者，认真地倾听孩子内心的想法，一方面可以发现孩子情绪产生的真正原因，另一方面还可以帮助儿童提升用语言表达情绪的能力。

帮助孩子学会正确的情绪表达方式。日常生活中家长可以通过多种途径让孩子逐渐掌握情绪管理的一些具体方法。第一，教孩子认识各种情绪及原因。丰富孩子的情绪词汇，特别是让孩子掌握复合情绪。比如高兴的表达，告诉孩子除了高兴还有兴奋、快乐、幸福、眉开眼笑等多种不同程度的表达方式。第二，说出或画出情绪。教孩子通过语言说出自己的情绪或者画出自己的情绪，而不是通过哭闹、打人或者撒泼打滚表达自己的情绪。可以使用"我很……，因为……"的句式，比如"我很生气，因为我不想把我的玩具给小明玩"。第三，发脾气前可以按下暂停键。可以教孩子当他/她想发脾气的时候，可以先停一下，转移一下注意力，想一些其他事情，这样就不太想发脾气了。第四，自我对话。家长可以告诉孩子，控制不了情绪的时候可以和自己说"不能打人"或"不能摔东西"。第五，通过深呼吸、运动、喊叫等合理的方式发泄情绪。第六，通过带领孩子阅读情绪管理的绘本，帮助孩子在故事中潜移默化地学习如何有效地管理情绪。

情绪冷静后及时处理引起愤怒的问题。宝宝不会无缘无故发脾气，他们发脾气的背后是有原因和动机的，因此，应该首先采用冷处理的方式，让孩子情绪稳定，然后及时和孩子沟通，与孩子一起解决问题。具体可参考以下做法。第一，在时间上，给孩子一点时间"冷却"。在孩子发脾气的时候，不马上干预，给孩子适当的时间让他们逐渐冷静，让孩子明白发脾气、哭闹起不了作用，慢慢地，孩子乱发脾气的概率会逐渐降低。第二，在空间上，帮助孩子建立一个冷静区。家长可以和孩子一起在家里建立一个冷静区，比如安静的书房或者玩具房等。在这个冷静区中，孩子碰到问题可以在该区域平复情绪，也能在此思考发脾气的原因。第三，在问题上，帮助孩子解决引发愤怒情绪的问题。耐心地听孩子讲为什么要发脾气，发脾气的原因是什么，然后和孩子沟通好下一次碰到类似问题可以怎么解决，并和孩子约定下一次发脾气时可以达成的目标，久而久之，孩子就学会了处理问题的多种方法，而不仅仅是发脾气。

家长以身作则，做好榜样示范。当孩子发脾气的时候，父母要做一个"没脾气"的人，当宝宝越生气，父母就要越冷静。切忌不问原因，大人也发火或者用暴力应对孩子发脾气，这样只能适得其反。很多时候，当孩子没有听从大人建议的时候，父母可能产生很多负面的情绪，诸如"我太无能了，我都没有什么办法了"的无力感，又或者产生"你就是不尊重我"的巨大愤怒。这样必然导致双方陷入用发脾气压制发脾气的恶性循环之中。事实上，孩子始终在学习如何成长、如何与人相处，而父母要做的就是冷静下来，用自己温和的情绪去引导孩子，做好榜样示范。

孩子的问题归根到底是家长的问题，因此要改变孩子先要改变父母。每一位父母都是从新手开始的，原生家庭中童年时期及成长过程的缺憾不可避免会带到再生家庭，尤其是养育子女的过程中。因此为人父母需要不断自我修炼、自我学习，例如学习如何了解自我、情绪管理、人际交往、生命价值等内容。只有父母成长了，孩子才会越来越好，当好父母是一项终身学习任务。

心理小贴士

情绪是心理过程的重要组成部分，本身没有对错之分，主要是情绪表达方式是否被大家接受。宝宝爱发脾气说明他们的情绪表达能力还在发展过程中，家长要接纳、理解宝宝的情绪，帮助他们适度合理地宣泄情绪，学会有效的情绪表达方式，同时也要以身作则，做好孩子的榜样。

13

宝宝总是"人来疯"，这是为什么？

案例导入

小娟的儿子壮壮4岁多了，最近小娟发现了一个奇怪的现象：当家里来客人的时候，壮壮特别兴奋，尤其喜欢加入大人的谈话。记得去年过年的时候，小娟的妹妹一家带着宝宝来家里做客，刚一进门，壮壮就丢下正在搭的积木，兴奋地蹦来跳去。

小娟让壮壮带着小妹妹玩，大人在沙发上聊天。可是没过一会儿，壮壮就蹭到大人旁边了，一会儿爬到沙发上，一会儿坐到茶几上，上蹿下跳。小娟批评他，他就伸舌头、做鬼脸，当作耳旁风。只要看到大人在说话，壮壮就要过来插一句嘴，开始大人们还觉得挺好玩，可到后面聊天就没法进行了，要不停地回答壮壮的问题。小娟让他到

旁边玩，他也不去，好不容易哄他过去了，他又在旁边大声唱歌，把玩具弄得"砰砰"响。小娟看到壮壮的表现感到很尴尬，直叹气说："这已经不是第一次了，这孩子也不知道怎么了，平时也还比较乖，但只要家里一来人就变了样，真是拿他没办法。"

心理解读

壮壮的这种表现用俗语来讲就是"人来疯"，主要是指宝宝在客人面前表现出的一种近似胡闹的异常兴奋状态。典型的行为表现有在客人面前大喊大叫；把玩具拿出来拼命敲打，弄出响声；在沙发、茶几上乱蹦乱跳；等等。如果父母管教、呵斥，宝宝则会又哭又闹。对于"人来疯"现象，有些人认为这

每天学点心理学：婴幼儿心理健康知识手册

是孩子性格外向、活泼开朗的表现，也有些人认为这样的孩子不礼貌，缺乏家教，以自我为中心。

宝宝为什么会"人来疯"呢？

满足社交需求。一般情况下，宝宝的活动空间比较有限，他们总是和家人、玩具或电视机打交道，交往圈子窄，而随着宝宝年龄的增长，他们对外界充满了好奇，渴望社交和认识更多的人。如果家长很少带孩子出去社交，那么，当家里来客人时宝宝就会着急地想要表现自己，赢得他人的关注，满足社交需求。但是孩子又没有成熟的交往手段，不知道如何表达社交需求，所以出现了"人来疯"的幼稚的儿童社交现象。

渴望被关注。孩子不可爱的时候正是需要爱的时候。孩子两岁后，自我意识不断增强，他们非常希望得到别人的注意，特别是自己身边的人的关注，于是，孩子开始想方设法地让别人注意自己，这就是心理学中"儿童自我中心"的表现。同时，又由于生活经验的局限，他们认为"疯、闹"更能够引起别人的重视，因此如果家长平时对孩子关注比较少，孩子就会出现"人来疯"的情况，喜欢在众人面前表现自己，其本质上是孩子变相渴望父母关爱的表现。

父母对其采用了过度溺爱或过度严厉的教养方式。有些父母平时对宝宝溺爱，一切都围着孩子转，无限制满足孩子。这种过度溺爱的教养方式让宝宝变得以自我为中心、任性，认为大家都围着他/她转才是合理的。见到父母和客人沟通交流，孩子感觉自己不再是中心、受到冷落，因而有意无理取闹，想要重新获取中心地位。长期下去，这种孩子长大后容易形成自私的个性特征，不在意他人的感受，与此同时，孩子承受挫败的能力也较差。

与过度溺爱相反，有些父母对宝宝管束过严，孩子自由爱玩的天性和精力长期受到压抑。当有客人在场时，宝宝认为家长碍于面子不会严厉管教他们，于是，宝宝就抓住时机尽情释放自己，填补平常"玩不了"的缺憾。

应对之道

如何纠正孩子的"人来疯"习惯？

当宝宝"人来疯"时，家长应及时采取对策，让宝宝表现得既有教养又不失活泼，同时让孩子在与客人的交流中增长社会交往能力。

满足宝宝的表现欲望。很多家长觉得宝宝"人来疯"会让客人尴尬，自己也没面子，因此会严厉地训斥孩子，甚至可能会把孩子赶出去玩，但这样的做法不利于孩子身心的健康发展。家长完全可以利用宝宝的交往需求培养他们的社交能力，宝宝好奇心很强，但是持续的时间很短，如果家长给了宝宝表现的机会，当他们的表现欲得到了满足以后自己就会离开了。例如当客人来时，父母把宝宝当成小主人，和他/她一起招呼客人，比如向客人问好、给客人拿水果等。同时对宝宝礼貌、懂事的行为进行及时表扬，他们的良好行为也会得到强化。这样宝宝不但满足了自己的表现欲，而且学会了待客之道。

扩大孩子的交际圈。当孩子逐渐长大后会对外界环境以及陌生人有交往需求，家长要经常带孩子出去看看、走走，扩大他们的人际交往圈。一般来说，可以有下列一些形式：第一，家长平时要扩大自己的社交范围，经常约别的家长带孩子一起出来玩，让孩子经常接触不同的人和同龄小朋友；第二，带孩子参与相关社区或公益的活动，比如带孩子去参与图书馆的书籍整理，社区组织的团体活动等；第三，带孩子去游乐园、动物园、公园等亲子活动较多的场所，这种场所可以让孩子在游玩过程中交到新朋友，培养孩子正确的社交技能；第四，逢年过节，多带孩子到亲朋好友家串门，这样孩子才不会在家中见到亲朋好友时过于兴奋；第五，有条件的还可以让孩子去参加相关的兴趣班，让孩子在发展兴趣爱好的过程中交到志同道合的好朋友，给孩子的成长助力。通过这几种社交方法，可以让孩子多接触陌生面孔，有效降低孩子在家中见到陌生人的新鲜感与好奇感，同时也不会做出诸如大喊大叫、过度表现自己的不当社交行为。

满足孩子被关注的需要。根据研究，2—7岁的宝宝思维呈现"自我中心化"特征，希望能得到更多的人尤其是父母的关注。对孩子来说，有家长的陪伴是最幸福的事情，陪伴不仅体现在高质量的陪伴上，还体现在家长的日常行为中。家长要让孩子感受到父母对他们的爱和关注是无条件的、是安全的，改变他们"必须通过疯、闹才能获得父母关注"的错误想法。例如家长可以多倾听孩子的想法。孩子通常渴望得到别人的尊重和认可，聆听孩子的心声就是对他们认可和尊重的主要方式。父母通过倾听给孩子营造出一个安全、温暖、舒适的氛围，不但可以让孩子更加顺畅地表达自己，而且能让孩子获得自我的价值感，尤其是对于那些迫切希望得到别人关注和认可的孩子来说，父母的倾听就是对孩子最大的鼓励和认可。通常来说，倾听和尊重孩子会有效建立他们的安全感，他们也不会通过"人来疯"来要求父母补偿对自己的关注。

进行礼仪规范的养成教育。一个3岁的宝宝在被妈妈多次批评没礼貌之后，问妈妈："你老说我不懂礼貌，到底什么叫礼貌？"从这个例子可以看出宝宝对于抽象的礼貌是不理解的，所以家长要有意识地对孩子开展礼仪教育。第一步可以通过一些榜样的故事等告诉孩子什么是礼貌、为什么要讲礼貌。第二步告诉孩子哪些是适宜的文明的礼仪行为，有意识地在不同场合、根据不同对象教给他们具体的做法。如对长辈说话时要使用"您"、不随意打断别人的谈话等。第三步告诉孩子哪些是粗俗的、不礼貌的行为，及时指出并制止他们的不文明行为。第四步及时表扬礼貌的教养行为，并指导孩子反复练习。只要孩子的礼貌素养不断提升，孩子自然会意识到"人来疯"是不礼貌的，从而自觉减少这一行为。

心理小贴士

　　"人来疯"现象体现了儿童被关注的渴望与需要，在现代社会，家长既要在繁忙的工作中抽出时间高质量陪伴孩子，也要教会孩子礼仪规范，让他们学会正确的人际交往方法。

第三篇
智力发育篇

　　人在婴幼儿时期，智力水平相对较低。但随着年龄的增长、身体功能的不断发育完善以及社会经验的日益丰富，智力水平也在不断提高。在婴幼儿期，智力发展速度非常快，大量研究表明，0—5岁是人类智力发展最为迅速的阶段。

　　作为父母，肯定会非常关注孩子的智力发育，希望自己孩子的智力发展越来越好。本篇将从胎教开始，带领大家聚焦婴幼儿生长过程中大脑发育的特点，用正确的方式给孩子以足够的成长关注，助力孩子智力发育。

14

胎教能让宝宝"赢在起跑线上"吗？

现在父母对孩子的早期教育有多"卷"？越来越多家长从胎教抓起，想让孩子"赢在起跑线上"。菁姐是一名怀孕8个月的准妈妈，她从备孕期就做好胎教计划。怀孕满3个月后，她每天都会做音乐胎教和坚持饭后散步。除此之外，她还从同事那里获得了一些胎教故事书，每天由丈夫或者

自己讲故事给胎儿听，甚至还报了胎教班。怀孕6个月后，菁姐轻拍肚子时会感觉胎儿有反应，这更让她确信胎教是有用的。

但仍有很多人对胎教行为持怀疑态度，仅凭孕妈们摸摸肚子、讲讲故事、听听音乐就真能让宝宝"天赋异禀"吗？孕期胎教会不会只是商家提高产品销量的套路？

心理解读

胎教能不能让宝宝更加聪明？

目前还没有研究能够证明胎教会使宝宝更加聪明，但是胎教能够影响胎儿的发展是不争的事实。心理学专家李虹曾做过有关胎教音乐与胎儿发育的关系的实验，研究结果表明：胎教音乐能够延长胎儿运动的时间，使胎儿发育到晚期有条件反射；胎儿出生后可以重新识别胎教音乐，而且在胎儿发育的晚期就

有了听觉的记忆。目前已有大量研究数据表明，胎儿期确实存在心理现象，也就是胎儿能感受到外界刺激并且做出反应。所以部分学者认为，胎教是有用的。

但商家的宣传以及早教市场的发展，使得很多准父母陷入了"神化胎教"的误区，认为只要抓住胎教这个"先机"，就能培养出"小神童""小天才"。准妈妈会强迫自己接受不喜欢的活动，例如听莫扎特的音乐、看书或者增加运动量。

然而，很多人不知道的是，过度胎教会对胎儿成长造成不良影响。例如，准妈妈喜欢通过轻拍肚皮与胎儿进行互动，只要一感受到胎动，就去拍打肚皮和胎儿交流，并希望通过这样的方法培养胎儿在语言方面的"天赋"。但胎儿90%—95%的时间都处于睡眠状态，他／她踢肚子并不是闲着想玩游戏，很有可能只是想伸个懒腰或者换个睡姿。准妈妈随意轻拍肚皮反而会引起胎儿的躁动，还有过量的声音刺激以及过强的光线刺激都有可能影响胎儿发育。

胎教不同于早期智力开发，不适宜的、过度的胎教会对胎儿发育产生负面影响，所以我们不要一味追求"提升"胎儿的潜能，而是要通过科学的胎教方法来"开发"潜能。

胎儿什么时候开始对外界刺激有反应？

我们要了解胎儿的发育过程。胎儿在母体中的发展一般分为三个阶段：胚种期（0—2周）、胚胎期（3—8周）和胎儿期（9—38周）。第三阶段就是胎教的最好时机。医学研究表明，胎儿从16周起，就逐渐具有触觉、嗅觉以及味觉；18周，胎儿开始具备听觉和视觉；26周，胎儿会有潜意识、意识和人格；30周，胎儿会拥有学习、记忆的能力；36周，胎儿的大脑皮质已经发育完全。一般来说，孕期满4个月，胎儿就可以逐渐在妈妈的肚子里做翻身、转头、踢腿等动作了。

应对之道

科学的胎教方法有哪些？

我们要明白，胎教的真正意义其实并不是对胎儿产生直接的影响，而是通过维护孕妇的身心健康来间接促进胎儿的发育。所以胎教的实施对象应该是孕妇而不是胎儿，无论选用哪种胎教方法，都应从孕妇本人的意愿以及个人偏好出发，保持孕妇的身心健康。

1. 心理胎教

孕妇的情绪变化能够影响6个月大的胎儿，胎儿能够察觉母亲的情绪变化，并通过神经系统的反应影响内分泌系统的调节，这种调节作用通过胎盘的血液循环影响胎儿的发育。而这些情绪的影响可能会延续到儿童出生后，进而对他们的性格和智力发展产生影响。孕妇可通过听音乐、看电影、阅读等方式来放松心情，保持稳定的情绪，避免忧郁、暴躁、焦虑等消极心态，准爸爸也应关心和体贴孕妇，帮助分担家务和照顾妻子。

2. 音乐胎教

胎儿长到6个月的时候，听力发育完成，可以分辨妈妈和周围的声音，这是进行音乐胎教的最佳时期。但是胎儿的耳膜是非常脆弱的，如果突然接收到高频响声，会造成不可逆的伤害。

音乐应以节奏柔和、舒缓的轻音乐为主，音量应该控制在40—60分贝左右（不应超过80分贝），接近平时说话的声音即可。一天1—2次，每次不超过20分钟，孕8个月后可以反复播放固定的乐曲。音乐胎教主要有两个直接作用：一是缓解孕妇的负面身心状态；二是使胎儿感到平静、安宁，促进胎儿的大脑发育。

3. 言语胎教

胎儿7—8个月是言语胎教的最佳时机。研究表明，由于男性声音低沉、浑厚，胎儿会更喜欢爸爸的声音。心理学家也指出，准爸爸多与胎儿沟通，不仅能加深夫妻间的感情，而且能将父母的爱意传达给胎儿，有利于胎儿的情感发育。言语胎教的内容没有明确的范围，可以简单讲父母的小故事或者日常话语，每次控制在3—5分钟即可。

4. 运动胎教

运动胎教就是指孕妇适当做一些体育锻炼，包括孕妇瑜伽、孕妇操、散步、盆底肌肉运动等，这既有利于孕妇体内血液循环，又利于胎儿的生长和顺利分娩。运动的项目和时长应该根据孕妇自身情况而定，最好是在医生或者专业人士的指导下进行。

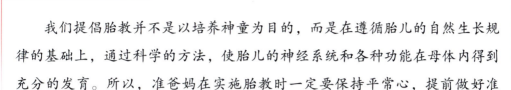

心理小贴士

　　我们提倡胎教并不是以培养神童为目的，而是在遵循胎儿的自然生长规律的基础上，通过科学的方法，使胎儿的神经系统和各种功能在母体内得到充分的发育。所以，准爸妈在实施胎教时一定要保持平常心，提前做好准备，摸清胎动规律，选择合适的胎教方法，这样才能达到想要的效果。

15

刚出生的宝宝每天酣睡不醒，这正常吗？

小李一家人心急如焚地来到医院问诊，向医生反映，自己家的宝宝刚出生4天，之前两天里，每两个小时就要吃奶，一直在找东西吃，但是第三天中午吃完后就一直睡，宝宝从中午睡到晚上8点左右，硬叫醒给他喂了奶，因为刚刚第三天妈妈奶量也不多，宝宝也没有没吃饱的迹象就继续睡了。只要家人不叫醒宝宝，他就能一直睡，也不饿也不哭，这情况一直持续到第四天。

小李的媳妇感觉自己的宝宝无时无刻不在睡觉，根本睡不醒，感到十分焦虑。

心理解读

刚出生的宝宝每天看似"酣睡不醒"，真的是不正常吗？

刚出生的宝宝每天酣睡不醒是正常的，他们需要大量的睡眠来支持身体和大脑的发育。正常情况下，新生儿每天的睡眠时间通常在16至20个小时左右。当婴儿到3周左右大时，睡眠时间通常在16至18个小时。到了6周大时，婴儿的睡眠时间可能减少至15到16个小时。一旦婴儿满两个月，与出生时相比，睡眠时间通常会稍微减少，一般为15至16个小时，而且以夜间睡眠为主。1岁后，婴儿每天的睡眠时间逐渐减少，通常在12至15个小时左右。而到了4至5

岁时，幼儿每天的睡眠时间最少也要保持在10至12个小时。因此刚出生的宝宝在外界看来总是酣睡不醒、一副不会睁眼的样子，这是很正常的。

为什么刚出生的婴儿睡眠时间会这么长？

第一次当妈妈的人会发现，新生儿的睡眠时间非常长，其实这是很正常的，新生儿每天大约有16到20个小时都在睡觉。另外，随着宝宝长大，其睡眠时间会慢慢减少。如果婴儿在夜间睡得很久，在白天可能也会继续睡，而他们的清醒时间相对较短，宝妈也不要惊慌。这是由于婴儿还在适应新环境并经历快速成长，需要大量的睡眠。婴儿早期的睡眠对其健康发育非常重要，这是因为生长激素在这个阶段由脑垂体以较高的速率分泌，睡眠对其产生积极影响。因此，婴儿需要充足的睡眠来支持他们的生长和发育。

宝宝的睡眠对其心理健康有着重要的影响。良好的睡眠对宝宝的心理健康和整体发育都至关重要，例如情绪调节及稳定、记忆发展和学习发展等。充足的睡眠可以帮助宝宝更好地调节情绪，减少焦虑和情绪波动，而睡眠不足可能会导致宝宝情绪不稳定、易怒或焦虑。睡眠时期是宝宝大脑发育和学习记忆的重要时期，良好的睡眠可以促进宝宝的认知和学习能力。睡眠对宝宝的免疫系统同样有着重要的影响，充足的睡眠可以增强宝宝的免疫功能，降低患病风险。

因此，对于刚出生的宝宝，帮助他们建立良好的睡眠习惯和为他们提供良好的睡眠环境非常重要，这有助于促进宝宝的心理健康和整体发育。

应对之道

如何让婴儿有良好的睡眠？

帮助宝宝建立良好的睡眠习惯对于促进其心理健康至关重要。以下是一些应对之道：

1. 规律的作息时间

帮助宝宝分清楚昼夜，为宝宝建立规律的作息时间表，包括固定的睡觉时间和起床时间。白天保持房间明亮，晚上则保持昏暗的光线，有助于帮助宝宝区分白天和晚上。尽量在每天固定的时间叫醒宝宝，这有助于调整宝宝的生物钟，促进其形成规律的作息时间。

2.舒适的睡眠环境，避免刺激

给宝宝提供舒适的睡眠环境，确保宝宝的睡眠环境安静、舒适、温暖，并保持适当的湿度。柔软的床上用品和合适的温度可以更容易帮助宝宝入睡。而过多刺激会影响宝宝的睡眠质量，在宝宝睡觉前避免给予过多刺激，比如大声喧哗、强光刺激或过多的玩耍，这有助于宝宝入睡。

3.建立睡前习惯

宝宝养成良好睡前习惯很重要，在宝宝睡觉前开展一些固定的放松活动。在宝宝入睡前，可以给他们读一些轻柔、温馨的故事，这有助于宝宝放松，也可以成为亲子交流的时刻。建立一套固定的睡前活动流程，比如洗澡、穿睡衣、读故事、亲吻和拥抱，这有助于宝宝建立安全感和睡前的期待。帮助宝宝建立良好的睡前习惯需要父母的耐心和坚持，这对于宝宝的睡眠和健康发展有着重要的影响。

4.父母多陪伴，建立安全感

父母的陪伴和关怀对宝宝的睡眠有着重要的影响，建立亲密的互动关系可以让宝宝感到安全和放心。给宝宝提供安全感，比如使用安抚奶嘴、抱抱或轻拍宝宝的背部，有助于宝宝放松并入睡。

心理小贴士

新生儿需要频繁地进食，因此如果宝宝每天都在酣睡不醒，可能需要确保宝宝获得足够的营养。尽管新生儿需要大量的睡眠，但家长也要观察宝宝的醒睡周期，确保宝宝在醒着的时候能够与家人进行互动。即使宝宝在酣睡，也要确保在宝宝醒来的时候，提供足够的抚触和亲密接触，这对于宝宝的心理健康和亲子关系的建立非常重要。如果家长担心宝宝的睡眠模式或者其他方面的问题，一定要咨询医生的意见，以确保宝宝的健康和发育。

总的来说，新生儿容易疲劳、容易入睡，是因为他们的脑组织发育不成熟，神经系统兴奋的时间很短，所以充足的睡眠对于确保婴儿各组织器官的发育和成熟至关重要。刚出生的宝宝每天酣睡不醒是正常的，但也要确保宝宝有足够的清醒时间获得营养，以及与父母建立亲子关系。

16

宝宝有十万个为什么，这说明什么？

看到树叶，我们习以为常，孩子可能会问："为什么叶子是绿色的？为什么有些叶子是红色的？为什么秋天叶子会黄、会落下？"闻到花香，我们感觉身心放松，孩子可能会问："花儿为什么香？花儿为什么这么红？为什么有些树不开花？"去市场买鱼，孩子可能会好奇："为什么鱼儿要待在水里？"做饭了，所有厨房电器都可能会变成孩子的问题："为什么净水器出来的水就干净？为什么微波炉没有火也能烤红薯？为什么冰箱里面特别冷？"很多孩子还会问："我是从哪里来的呀？"

心理解读

确实，孩子们总是有无数的问题。他们的好奇心是无穷的，每天都在追问"为什么"。有些问题并非简单的答案可以解答，有时候我们也可能不确定如何以正确的方式来回答。当孩子们不断提出问题时，我们是否已经准备好应对了呢？

有些家长可能觉得回答孩子的问题很麻烦，于是选择轻描淡写或者敷衍带过。然而，这种方式并不能真正解决问题。我们不能以不懂装懂的态度或者随意胡说来对待孩子的问题，因为这样会对他们造成误导。有一对夫妻带着自己的孩子在公园玩，正好碰见电闪雷鸣。孩子十分好奇，问道："爸爸，天上的声音哪里来的？"父亲回答道："哦，这是雷声，是玉皇大帝生气了，在惩罚人！""那一道道亮亮的是什么？"孩子又问。这次父亲回答得更离谱："那是魔鬼在眨眼睛，快躲起来！"本来这是一次很好的给孩子讲雷电形成知识的机会，让孩子认识一些大自然现象，结果父亲却敷衍乱说，不仅误导了孩子，也错过了一次绝好的传授知识的机会。

宝宝为什么会变成行走的"十万个为什么"？

好奇心驱使孩子去探索。好奇是孩子的天性，对孩子来说，周围的一切事物都是新鲜的，他们对自然、对生活始终抱有好奇心，并能够用自己敏锐的感官将万事万物联结，而走出去探索就是孩子打开认识世界大门的钥匙。

好奇心推动孩子智力发展。人的智力发展具有多元性质和结构。而当儿童进行探究活动时，不仅需要逻辑、视觉、身体感知力等多种能力的参与，尤其当孩子与别人讨论或表达自己的发现和新想法时，还将动用自己的言语沟通、推测能力等，所以培养孩子的科学思维在一定程度上能够帮助提升孩子的智力。

 应对之道

如何应对宝宝的"十万个为什么"？

父母应有的态度是永远欢迎孩子来问。糊弄解决不了问题，应尊重孩子成长规律。面对孩子的提问，家长在回答孩子的问题时应该保持认真和谨慎，避免胡乱或者敷衍回答。如果问到真的回答不出的问题，应该坦诚地告诉孩子。不论孩子的问题如何刁钻古怪，或是无厘头，或是答案显而易见，父母应有的态度永远应该是欢迎孩子来问。我们能回答的问题，就马上回答孩子。比如，孩子问："净水器出来的水为什么那么干净？"我们可以告诉孩子，净水器是一种特殊的设备，它里面有一个被称为过滤膜的组件。这个过滤膜就像一个小守卫，它可以过滤掉水中的各种杂质，包括细小颗粒和一些细菌。废水从下水道流走了，所以出来的水才那么干净。孩子问："鱼儿为什么要待在水里？"我们就告诉他/她，因为鱼儿用鳃呼吸，它不停地喝水、排水，水中的氧气就通过鳃上的毛细血管进入鱼的身体里了。要是把鱼放到空气中，鱼不能呼吸，就会死掉。

可能会有不少问题我们也回答不出。比如，为什么狗会叫？为什么人需要睡觉？那就跟孩子说："宝贝儿，我们一起上网查答案吧。"你会发现，看似很简单的问题，其实一点也不简单。带着孩子一起找答案，既解答了问题，还能让孩子学习如何自主解决问题。

家长还要注意一些有趣的"假问题"。 如父母带宝宝去朋友家做客，桌子上放着一盘进口水果，妈妈听到宝宝问："你猜这个是水果模型，还是真的水果呢？"妈妈一瞧，孩子绕着桌子看了三个来回了，他/她是想吃水果了，问是不是模型什么的根本就是个假问题。类似的情况在生活中经常出现。孩子为什么不直接说呢？这是因为孩子的心智已经发展到了高级阶段，他/她开始有了自尊心、虚荣心等高级情感，他/她希望父母或朋友递给他/她吃，而不是通过自己直接要的方式获得。此时，父母在对待孩子的自尊心时应当非常注意，我们不应该批评孩子"你怎么这么馋"，可以向朋友解释清楚孩子的心理，请朋友把水果分给孩子吃，既显示朋友的热情，孩子又吃得开心。

家长还应懂得回应敏感尖锐的问题。 例如，当孩子在幼儿时期问父母："为什么爸爸是站着尿尿，不像妈妈蹲着嘘嘘？"这个问题听起来可能有些棘手，孩子还没有3岁，我们可以选择回避问题吗？当然是不行的。可以坦率地告诉孩子：妈妈是女生，爸爸是男生，女生和男生性别不同，身体结构也有区别，所以爸爸站着尿尿，妈妈蹲着嘘嘘。孩子解开了一个疑惑，就不会再无休止地追问了。对于敏感问题，家长不应回避，也不应过于深入地向他们解释，因为孩子毕竟还很小。家长可以用简单明了的方式解释，根据孩子的年龄和理解能力，适度地回答他们的疑问。

心理小贴士

孩子的世界是绚丽多彩的，提的问题也形形色色。作为家长，我们需要准备好一支彩笔，帮助孩子描绘未知的世界；而对于孩子的问题，我们要做好心理准备，迎接各种问题的挑战。同样，教育也应该有规律，我们要尊重

孩子的成长规律。父母应该明白，水可以被疏通而不是堵塞。好孩子不是通过责骂或棍棒训导出来的，而是在理性思辨的过程中逐渐成长起来的。激发孩子对问题的兴趣有助于培养他们的思考能力，而孩子的思考能力将影响他们未来成长的道路。

17

宝宝为什么有时候会"睁眼说瞎话"？

东东是个3岁的男宝宝，他最喜欢的东西就是玩具汽车，每天都是玩具汽车不离手。一天，他跟妈妈出去玩的时候，捡了一块很普通的小石头。东东把它当成宝贝，一边推着小石头在地上走，一边嘴里发出"嘀嘀"的声音，还自豪地告诉妈妈："这是我的新汽车！"

我要开火车！

3岁的媛媛手里拿着塑料玩具小鱼扭动，表演鱼在水里游的动作，嘴里开心地说："小鱼游啊游。"

3岁的童童把几个小凳子排在一起，坐在一个小凳子上说："妈妈，我要开火车啦！"

心理解读

生活中其实有很多这样的时刻，小孩子会说如此"幼稚"的话语，但是，孩子的想象并非凭空捏造，而是有源头的。他们常常凭借自己的生活经验去想象。他们的想象无目的性，由于对色彩、形状特别敏感，所以他们的想象常因受到外界的刺激而产生。父母要多带孩子到户外玩耍，引导孩子细心观察一朵花、一棵草、一只虫，这些都会让孩子产生无限联想。爱因斯坦说过："想象力比知识更重要，因为知识是有限的，而想象力概括着世界上的一切，推动着进步，并且是知识进化的源泉。"想象参与思维过程，想象力贫乏，思维就狭窄，智力就不可能充分发展。

其实不论是"把一块石头当作是大卡车"，或者是"把毛巾当作是小鸟的翅膀"，都是小孩子富有想象力的表现。我们要不断鼓励孩子发挥自己的想象力。

宝宝想象力的发展包括哪几个时期?

1岁半—2岁：想象力发展的早期阶段

在1岁多时，宝宝开始参与一些容易的模仿游戏。孩子可能会在观察和思考之后，试图模仿大人日常生活中的行为。例如，他们可能会拿起一个玩具电话，像父母那样对着话筒说话："喂，你好! 你是谁呀?"然后进行一段有趣却不一定合乎逻辑的"对话"。最后，他们会认真地向对方说"拜拜"，再挂了电话，完成他们的通话游戏。

2—3岁：想象力的初步发展时期

当宝宝年满2岁时，他们开始展现真正的想象力，并且这是他们认知能力发展的一个重要阶段。尽管他们可能还不能通过口头、绘画或书写等形式明确地表达他们的想象，但是他们已经能在脑海中构建出人物的动作或物品的形象。宝宝开始参与一些假想游戏，比如给一个无生命的玩偶取名，喂养它、哄它睡觉，把它当作生活中的小伙伴。他们还会模仿成年人做饭菜，将做好的菜肴放在盘子里，然后"喂"给玩偶吃。宝宝将他们的新生活经验融入现有的玩具物品中，赋予这些玩具物品新的生命和意义，这都是宝宝想象力发展的重要体现。

3岁以上：想象力的快速发展时期

3岁是宝宝想象力发展的一个重要分界线。随着宝宝知识和经验的累积，想象力也越来越天马行空，假想游戏也变得更加复杂。除了日常遇到的事物，宝宝开始想象一些对于成年人来说都难以想象的场景来进行假想游戏。他们可能会将自己的扭扭车想象成公交车或救护车，将从台阶或椅子上跳下来想象成飞机飞行，或者将其想象成外星人飞船降落等。宝宝通过扮演不同的角色来满足好奇心，表现出他们对不同角色的理解能力。

如何更好地发展宝宝的想象力？

锻炼宝宝的动手能力，让宝宝自由表达。对于宝宝来说，动手操作是展示他们思维和想象的首要方式。比如，当宝宝在用颜料时，我们可以教他们如何调出不同的颜色。有时候，父母可以想个简单的主意，如用报纸做帽子或用硬纸盒做面具，这也能给宝宝带来许多乐趣。任何东西都可以作为想象力游戏的道具，一个普通的毛巾可以变成小鸟的翅膀、蝙蝠侠的外套、医生的纱布等。

鼓励宝宝的新想法，做宝宝的玩伴。鼓励会激励宝宝朝着我们期望的样子发展，宝宝会享受动脑筋思考问题的过程。父母可以让宝宝想象摘一朵白云，加点糖，在微波炉里烤一烤，白云会变成好吃的面包，搁在冰箱里冻一冻会变成好吃的冰云冻……当宝宝说了一个富有创意的想法、观点或对某一问题有独特的思考时，不管是否现实，我们应该努力回应他们。如果可能的话，我们应该与他们一起合作，帮助他们实现自己的愿望。如果你投入宝宝的想象力游戏中，你会发现，他们的想象力似乎比你更胜一筹。

扩大宝宝的眼界，丰富宝宝的感性知识和生活经验。在生活中，父母要引导宝宝多观察周围的一切，包括飞鸟、爬虫、落叶、风雨等，有空就带宝宝去外面，多接触大自然，多接触其他的小朋友，丰富宝宝的感性知识和生活经验。陪宝宝多阅读，书籍是想象力的海洋，在书本的陪伴下，宝宝的想象力可以无限发散。

挑选激发宝宝想象力的玩具，赋予玩具神奇的生命。玩具为宝宝的想象活动提供了物质基础，父母可以引导孩子赋予玩具生命，从而引导宝宝展开各种联想。例如，孩子有一只布绒小狗，从孩子10个月大开始，孩子和狗就成了最亲密的朋友。每天晚上，孩子都要抱着小狗睡觉。长大一点以后，孩子每天都要跟小狗说很多话，给小狗讲故事，爱护这只小狗，就像照顾一个小宝宝一样。除此之外，当碗筷桌椅都"活"起来时，宝宝就已经完全融入了一个童话的世界、一个充满了想象的空间。

心理小贴士

　　幼儿期是孩子想象力最丰富的时期，父母、爷爷奶奶讲的故事，甚至生活中的种种事物等，往往都能让孩子联想到多个与此有关的事物，其实这就是孩子想象力的开端。想象力是思维的翅膀，是孩子探索过程中至关重要的组成部分，从小培养宝宝的想象力将会使他们受益终身。让宝宝的思维插上想象之翼，让生活中平凡的、不起眼的事物在宝宝心中变得有趣而珍贵，让孩子的童年更加美好。

18
宝宝说话口齿不清，
妈妈应该如何引导孩子正确发音？

辉辉很早就会说话，1岁多时嘴里就开始蹦出好多词汇。但是当妈妈和辉辉交流时，发现辉辉在沟通上会出现各种"错误"：很长一段时间，辉辉都分不清楚"你""我""他"，他对妈妈说"你去那边玩儿"，结果自己跑到角落玩起来。说话的发音也时常不清晰，总把"小猪"说成"小嘟"，"老师"说成"老机"，慢慢地，辉辉意识到自己说错了，每次说到一些错误的词汇，就会偷偷看向大人，观察大人们的反应。有些时候辉辉说得特别快或说好长一串含糊不清的话时，大人们都没听懂，没人与辉辉对话，辉辉就会着急忙慌地大声再说一遍，如果别人还是摇头看着他，辉辉就会做出激动的身体动作，且着急得哇哇大叫。家里长辈经常会纠正他的言辞："这样说是不对的，你不能这样说"；或者强行打断孩子的话："你说慢一点，我听不清"；以及反复示范正确的口型，尝试纠正辉辉的发音。

这导致辉辉在被纠正的那段时间里不敢大胆发音，每说一个字，辉辉就会怯生生地抬头看大人们的反应，生怕说错话受到批评。

心理解读

孩子进入"语言混淆期"的主要原因有哪些？

一、心理方面

1.孩子自我语言能力锻炼不足

其实，孩子在相关能力开始展现的初始阶段，他们的认知都是比较浅薄的，因此，孩子进入"语言混淆期"，就是由其实践的经验和锻炼机会不足所导致的。所以，孩子锻炼语言表达能力是极为重要的，语言能力的不足，也是导致孩子进入"语言混淆期"的原因之一。

2.孩子由于自信心不足，从而进入假性的"语言混淆期"

对于孩子来说，他们在面对外界的事物或者是一些需要展现自己能力的相关机会和场合时，大多都会因为缺乏社会的实际历练而出现不自信的情绪。而这种心理状态的改变，很容易导致其出现由于自信心不足而表达得"口齿不清"的情况。

二、生理方面

舌筋，解剖学上称为舌系带，是指在舌头下方的一条软组织带状结构。通常舌系带对语言能力的影响较小，不会导致孩子不说话。但如果舌系带过短，就会对孩子的部分发音产生影响，主要是如"d、t、n、l"等舌尖音（发音时舌尖抬起），导致孩子说话时口音听起来含混不清。

简单的舌系带矫正手术可以纠正舌系带过短。若孩子的发音能够迅速恢复正常，则无须进一步处理。但是，如果孩子的发音习惯不良的话，还是需要进行语言能力训练。

应对之道

孩子进入"语言混淆期"后，父母该怎么应对？

在我们日常的交流中，与孩子对话要从容一些。多给孩子停顿的时间，并鼓励周围的人也这样做。当孩子说话不清楚时，我们不应当责骂孩子，更不能拿此开玩笑。我们可以从孩子最熟悉的东西开始教导，根据孩子的兴趣点，先教单词，然后逐渐转入词汇教学，等孩子积累了一定数量的词汇，再慢慢过渡到教他们句子的构建。

要成为积极的倾听者，我们需要以耐心平和的态度，认真聆听孩子说话。通过面部表情和肢体语言，我们可以表达出我们正在全神贯注地倾听孩子讲话，而不仅仅是关注他们的说话方式。同时，我们要不时地对孩子的话题表示出兴趣，重复孩子的话，适时打断与孩子的谈话，插入我们的评论，创造一个既有来言又有去语的交流锻炼机会。

在与孩子交流时，我们应该以清楚准确的方式表达自己的意思。说话时，我们可以稍微放慢语速，同时要保持发音清楚有力。这样有助于孩子更好地理解我们所说的话。并且家庭的语言环境尽量保持单一，家庭成员都说普通话，有利于提高孩子的听辨能力，促进孩子的语言习得。

改善饮食习惯，减少精细喂养。摄入不同性状及味道的食物，增加咀嚼，可以提高宝宝的口腔运动及协调能力，也有利于提高宝宝的语言清晰度。

经常亲子共读。如果宝宝年龄太小（小于3岁），认知理解能力欠佳，语言参与的主动性小，家长们可以多带着孩子一起阅读绘本，鼓励孩子自主讲述故事的内容等。

鼓励孩子多与他人进行交流，在日常生活中学习语言。孩子可以在自然环境中、游戏中、劳动中以及与他人交往的过程中学习语言。

若孩子的口齿表达很不清晰，家长可以带他们到专业的康复机构咨询。在必要的情况下，可以进行一对一的语言康复训练，以帮助孩子改善语言表达能力。

心理小贴士

当父母发现自家的孩子出现口齿不清的情况时，千万不要因为内心着急而对孩子实施过于严格的教育，或者是批评等，这对于敏感的孩子而言，是十分不好的。语言混淆期是孩子成长的必经阶段。面对孩子语言混淆期的种种表现，我们首先要告诉自己去接纳，这是每个孩子都会经历的，它的过渡时间长短因人而异。我们要理性面对孩子进入语言混淆期的情况，有针对性地实施正确的教育方法，有效地帮助孩子度过这一时期，这才是聪明的父母要做的。

19

宝宝记不住事，妈妈刚教育完转头又忘，这样正常吗？

明明今年3岁，每次妈妈教育他的时候，明明总是一脸认真地听着，好像在思考妈妈说的每一个字。但是当妈妈刚刚转身，准备离开的时候，他就会把妈妈刚才说的话忘个一干二净。妈妈怀疑他是不是故意的，还是他的脑袋里真的只有玩具和零食。有一次，妈妈看到他在客厅里乱扔玩具，严肃地对他说：

"宝贝，你不能乱扔玩具，这样会伤到自己和别人的。"明明当时还点了点头，表示知道了。然而，当妈妈第二天再次看到他在客厅里疯狂地扔玩具的时候，简直要气炸了。妈妈问他："昨天不是说过不能乱扔玩具吗？"明明一脸茫然地看着妈妈，好像根本不知道妈妈在说什么。妈妈只能无奈地摇摇头。

还有一次，妈妈教育明明不要在餐桌上乱动，要好好吃饭。他当时还郑重其事地答应了妈妈。然而，当妈妈下班回家，看到餐桌上乱七八糟的场景，他居然还理直气壮地说："妈妈，我有好好吃饭啊！"

心理解读

为什么你教育了孩子半天，孩子"一转身就忘记"了？

有位儿童记忆研究专家在一次和孩子们的有趣问答中，询问孩子这样的问题："有什么方法可以让自己记住明天要带一个玩具到学校？"孩子们的回答简直是"脑洞大开"，有些孩子说"抱在肚皮上"，有些孩子说"用一条绳子把玩具绑在手上"，还有些孩子说"把提醒字条贴狗狗脸上"……纵使他们的回答都不一样，但唯一相同的是，他们都没能脱离凭借具体的东西记忆。

与此同时，发展心理学家们通过各种实验证实了人类在婴儿期就具有再认能力（一种简单的记忆能力的体现），1岁半儿童对简单的、系列的成人模式行为的再认已经可以保持1年之久。

可是，每当我们回忆童年时期的事情时，是不是总会发现，自己无论如何也不能记起两三岁以前的事情了。对于这个似乎不合理的现象，学者们提出了多种不同的说法。

一、生理成熟的观点

部分科学家提出，我们的大脑中存在两种记忆系统，一种是能够将个人经历的经验提取到让个体意识到的水平上、以供将来回忆的外显记忆；另一种是处于下意识水平（个体无法有意识地主动提取）的内隐记忆。两种系统在功能、发展速度和达到成熟的时间等方面均有差异。婴幼儿大脑的成熟水平只能支持婴儿进行内隐的再认形式的记忆，不能进行要求外显的、需要言语进行描述的（不通过任何形式的提醒，完全由个体自身记起）记忆。

二、信息编码的观点

也有一些研究人员认为，人类之所以不能记住发生在两三岁以前的事情，是因为人类婴儿期对信息进行编码的方式与我们后来提取信息的方式不匹配造成的。

首先，婴儿的视线高度与年长儿童及成人有很大区别：当父母与婴儿玩耍时，他们可以环顾周围整个房间的环境，而婴儿只能躺在床上看天花板和半空中的玩具或父母的脸，或是趴在地上看地板以及周围一些矮小的东西。视觉信息的不同，可能造成我们成年后对幼年的记忆提取困难。

其次，年长儿童及成人在记忆时，或多或少会带有语言信息，因此当人们回忆某个情景时，可以依靠语言信息（如烟花、小溪、花、长城等）将这段记忆提取出来。幼儿的语言发展还不成熟，无法做到利用词汇记忆情境，而长大后的我们又无法重现儿时的场景，于是产生了记忆的提取困难。

三、自传体记忆的观点

持这种观点的人认为，个体记忆自我经验需要两个条件：一是有自我意识，二是个体具有整合事件的能力（解释事件发生的时间、地点、人物等）。而婴儿在最初几年，自我意识不够成熟，无法将自己代入记忆之中，因而也就无法记忆个体经验。没记住婴幼儿时期的事情，可能是大脑发育还不够完善，对外界的事物没有很清晰的认知，小时候没清楚的事，长大后确实也很难回想起来。

另外，幼儿还未开始学习如何整合一个完整的事件，对事件的记忆也就无从下手。而学龄前儿童通过与成人精细地分享生活经历，对事件的整合能力得到提高，记住的东西越多，越可能在以后回忆起某个曾被精细分析过的事件。

另外，记忆要随着时间增长才会记得更多，在婴幼儿时期，宝宝的大脑还处于发育状态，海马体不够成熟，大多是处于瞬时记忆阶段，所以家长不要过分着急。

应对之道

有什么方法能帮助孩子长记性呢？

兴趣是最好的老师。可以尝试把孩子暂时兴趣不大、容易遗漏的事情和其他感兴趣的事情组合起来，带孩子做他们感兴趣的事情，孩子更容易记住那些他们感兴趣的事情。

让宝宝复述其内容。事情交代完毕，让孩子用自己的话重复，起到加深印象并确认他们已领会的作用。心理学研究也证实，提高记忆力最好的方式就是重复，当宝宝能够理解事情意思并且可以复述时，就能够起到很好的提高记忆力的作用。

把孩子日常常见的遗忘事件分类。如书包忘记整理、作业忘记做等，把这些场景做成卡通图片，家长在交代孩子做事时，配合展示图片。或者家长同步把事情和某个好玩的词汇关联或某个曾经出现过的场景关联，交代事情时先让孩子建立简单联想记忆联结，并以此对抗遗忘。

适时提醒。在某件事情快结束时，家长可适时提醒或询问孩子是否有其他事情，或哪怕一个简单的词汇提示。一定要注意时机，不轻易在其他事情进行中提醒关联性不强的事情。一次性不要交代超过两件事情，如果有多件事情，就提醒孩子记录在记事本或便签上。

心理小贴士

　　人的大脑发育是一个比较长期的过程，宝宝大脑的发育从母体中就开始了，初期大脑各个区域之间的联系还没有很好地形成，因此年幼的宝宝记不住事是很正常的情况，家长们千万不要着急，小家伙们常常健忘，因为他们只记得快乐，但家长们别忘记提醒孩子们成长哦。

20
宝宝为什么对小猪佩奇深信不疑？

越来越多的家长表示，自家宝宝很爱看《小猪佩奇》，并且每天雷打不动地看几集，虽然每集的时间很短，孩子还是看得津津有味，即便每次电视里都是重复播放，孩子还是百看不厌。

心理解读

为什么《小猪佩奇》令宝宝百看不厌？

《小猪佩奇》动画色彩丰富，符合宝宝的审美。《小猪佩奇》动画片情节设计比较幽默和直观，视觉设计比较鲜明，角色造型夸张却又比较简洁。由于宝宝对于颜色比较敏感，天生喜欢温暖明亮的颜色，对于色彩的幻想容易产生愉快的心理和生理体验。《小猪佩奇》角色的造型比较简洁生动，是由最简单的儿童熟悉的线条和图案构成，小猪佩奇的头部是由一个圆形组成，尾巴就是一条曲线，一条直线代表四肢。

《小猪佩奇》动画片播放时长短，节奏缓慢，让宝宝有很大的参与感。相对于其他影视作品，《小猪佩奇》节奏比较舒缓，有利于宝宝跟上节奏，真真切切感受到参与感和认同感。宝宝的注意力持续时间相对比较短，并且容易被打断，兴趣也易发生变化，稳定性相对来说并不高。《小猪佩奇》的动画片每一集只有5分钟，主要围绕着孩子玩耍、家庭故事这些简单却快乐的生活细节展开。

《小猪佩奇》动画片剧情简单，能让宝宝留下深刻印象。动画中的主角通常具有固定的个性特征，他们的行为也具有逻辑性和连续性，这使得他们能够给宝宝的思考和想象力留下深刻的印象。每一集动画片都有明确的主题，故事层次也很清晰简单，整体结构保持着统一的模式。由于动画片会反复地强调一些细节，有利于宝宝理解剧情。

应对之道

如何让宝宝科学观看动画片？

把握时间长短，注意质量。动画片主题要愉快轻松、内容健康，并辅以优秀传统文化和良好行为的教育。不能宣扬暴力和成人化的行为或语言。通过观看动画片，让宝宝在美中受到熏陶，汲取对身心健康有益的营养。家长要控制宝宝看动画片的时间，一般半小时或者一节课的时间后就应该休息，长时间看电子产品对宝宝的视力不好。一开始家长就要控制数量，约定集数，重质不重量。

家长可以陪同宝宝一起看动画片。在观看动画片时，父母可以和孩子进行互动，例如动画片里的人物做了好事，父母要表扬，并鼓励孩子模仿，但要是有不良行为，父母也可以批评，并同时教育孩子不要学习。家长可以鼓励幼儿改编或续编一些动画片的结尾，引导他们对动画片中的角色和情节进行大胆自由的想象，促进宝宝思维发展。然而，在幻想和神奇的动画世界中，幼儿可能会区分不了现实与虚幻，会将动画片中的虚假信息放到现实生活中。家长应及时指导和引导，增强幼儿对现实世界的认知。

关注互动对话和启发诱导。可以通过动画片引导宝宝学习其中创设的问题情境，用对话的方式对孩子进行启发和诱导，将重心侧重到问题的解决上。比如，有的宝宝吃饭比较慢，爱挑食，家长就可以说："宝宝，来'啊呜'一口吃完，你看小猪佩奇都能吃掉5个大煎饼，你能做到吗？"此外，优秀的动画片倡导互助团结的价值观，这对儿童集体意识的形成和良好伙伴关系的建立具有直接或间接的影响。

心理小贴士

　　动画片是一种让图画动起来、具有生命力的艺术形式。对于少年儿童来说，形象生动、丰富多彩、有趣味的动画片是一种不可或缺的精神食粮。优秀的动画片能够促进孩子的语言表达，培养他们的想象力，提升思维水平，拓宽知识储备，还能培养孩子的优良品质。总的来说，优秀的动画片对儿童的成长有着积极的作用。

21

宝宝喜欢搞破坏，这是怎么了？

家里有个总是喜欢搞破坏的孩子是一种怎样的体验？

洗手的时候，会把牙刷牙膏扔进水池；

吃饭的时候，"不小心"把勺子扔在地上；

悄悄溜进厨房，拿起鸡蛋就往地上砸，弄得一地狼藉；

不管什么东西，只要经了熊孩子的手，都难以幸免。

怎么办？买吧！

孩子一次次破坏东西，家长又一次次买回补齐，同时附赠一堆不咸不淡的警告和不痛不痒的威胁。

然而这种做法并没有什么用处，有很多家长对孩子的这些行为火冒三丈，认为孩子就是故意、成心搞事情。

孩子的这些行为在父母看来，可以用3个字来形容：搞破坏。

总有父母诉苦："现在我们家孩子才三四岁，已经变成'小魔王'了。"

但家长之所以这么认为，多半是因为他们没有弄清楚孩子行为背后的真正动机到底是什么。

心理解读

是什么原因致使孩子产生破坏行为呢？

年龄小的宝宝的破坏行为是属于无意的。对于较年幼的孩子而言，他们更多地表现出无意识的破坏性行为。年龄小的宝宝神经系统还没有发育好，肌肉也不够发达。所以，宝宝不能很好地协调自身动作，不管他们是动手还是动脚，动作不到位的情况会有很多。有时你给他们一个玩具，你一再说，拿好了啊，可是他们刚拿到手里就摔地上了。像这种情况，背锅的不应该是孩子，而是没发育好的肌肉和神经系统。

喜欢模仿，好奇心作祟。有的小姑娘经常观察妈妈化妆，趁妈妈不在时，小姑娘就拿妈妈的口红、粉底、睫毛膏往自己脸上堆。结果，没轻没重的小手害得口红折断、粉底报销。孩子的这种行为主要原因就是好奇、想模仿。随着年纪的增加、能力的增长，孩子的好奇心也开始不断增强。生活中有趣好玩又让人搞不明白的东西真是太多了。玩具为什么能发出声音？遥控器为什么能操控电视？水龙头为什么一打开就哗哗流水？一按开关为什么灯就亮了？闹钟为什么能"滴答滴答"地响？指针为什么会一直跑？嘴巴为什么一涂口红就变了颜色？孩子小脑袋里的问题一个接一个，为了搞明白这些问题，他们就会不断尝试。咬啊！砸啊！摸啊！摔啊！打啊！再加上大人经常在孩子面前干各种活儿。所以，孩子趁着大人不在，就会把东西拿出来，学着大人的样子悄悄把玩。不过，这种超强的模仿力结合爆棚的好奇心，往往会造成难以收拾的后果，所以在大人眼里，孩子的这些行为就成了赤裸裸的搞破坏。

发泄情绪，吸引关注。有一次，一位新晋奶爸困惑地向笔者询问，每当他尝试与孩子互动玩耍时，孩子总是表现出一些破坏行为，例如用力摔玩具，他考虑是否应该采取一些惩罚措施。在笔者询问他是如何陪伴孩子时，这位爸爸的回答是一直看着孩子，偶尔看看手机。而在笔者的追问下他终于承认，是偶尔看看孩子，一直看着手机。平时家长对孩子也不太在意，敷衍居多。像这种情况那就不用纳闷了，孩子摔玩具、搞破坏，实际上可能是在探索的同时发泄自己的不满情绪，希望引起大人的关注。

孩子不懂珍惜。现在的家长总是力求给孩子提供最好的物质条件，要什么给什么，不要也给。孩子拆了一个玩具，家长可能再买一个甚至两三个新的玩具，孩子根本意识不到要珍惜物品。

 ## 应对之道

如何"搞定"捣蛋孩子？

那具体应该怎样做，才能不吼不叫不打不骂，既保护好孩子的好奇心，又不造成浪费呢？

锻炼孩子的协调能力，减少其无意破坏的行为。对于一两岁的小宝宝的无意破坏行为，家长就应该多进行一些日常训练。比如，可以用一些抗摔的玩具让孩子练习单手或双手的抓握。或者是让孩子多多练习捏、抓、串、抠、撕、翻等精细动作。这样孩子的身体协调能力增强了，手指的灵活性和动作的准确性提高了，无意的破坏行为就会减少了。

让孩子体验后果，学会珍惜。看到孩子的破坏行为，很多家长很难冷静。但是，家长需要搞清楚孩子这种行为背后的真正原因，才能做到真正的接纳。孩子拆开遥控器，可能是想搞清楚遥控器里到底有什么，因为他/她看过爸爸修理台灯。但接纳孩子的情绪不代表认同孩子的行为，既然东西给整坏了，家长就要温和坚定地让孩子学会承担责任，而不是着急地补充新品，否则孩子永远学不会珍惜。书撕坏了就是不能变新了，杯子打碎了就是不能用了，东西弄坏了就得修理。如果孩子把玩具弄坏了，大人要和孩子一起修理好；如果孩子把书撕坏了，大人也要和孩子一起粘起来。让孩子体验后果，孩子才能对事件本身有最直观的感受。

在合理的范围内给孩子创造探索的空间。孩子未来是否能取得成就，好奇心是必备的因素之一。想要保护孩子的好奇心，就要正确对待孩子探索过程中的破坏行为，给孩子建立规则，培养孩子的安全意识。鼓励和引导孩子在合理的范围内多多探索，都是不错的方法。具体应该怎么做？家长要教给孩子使用物品的正确方法，让孩子知道不同东西的作用分别是什么，在使用中应该注意什么。对于需要轻拿轻放、不要靠近、不能触碰的东西更应该多多科普。当然，为了满足孩子的"拆家"欲望，也可以给他们买一些能够拼插、组合、揉捏的玩具。这既开发了孩子的思维，也锻炼了他们的动手能力。至于那些特别贵重特别危险的东西，家长还是趁早收好为妙。

发自肺腑地多多关注孩子。对于因为缺乏关注而经常乱搞破坏的孩子，家长一定要多关心、多陪伴。节假日的时候，多带孩子出去玩、读读书、做游戏。还是那句话，放下手机，当好爸妈，多给予孩子高质量的陪伴。孩子觉得自己在爸妈的心里很有分量，就不会靠整天搞破坏吸引父母的眼球了。

心理小贴士

　　作为一个小孩子，好动是正常的表现。仔细想想，也正是因为有了这些不成功的尝试，才有了宝宝的成长。因为在这个过程中，孩子的认知提高了，经验丰富了，胆量增加了，肌肉锻炼了。所以，各位家长一定要戒吵戒闹，给孩子们正面的鼓励与引导。

22

宝宝总是"三分钟热度"，妈妈们应该怎么办？

　　彤彤今年4岁，对玩具的兴趣持续时间较短，总是玩一会儿就会失去兴趣。有一次，她在超市看到一个芭比娃娃套装，非常想要。然而，妈妈并不同意，回到家后，她一直闷闷不乐。经过观察，妈妈意识到彤彤仍然对那个娃娃有兴趣，于是在不告诉彤彤的情况下买了回来，但彤彤对它的兴趣却只持续了短短的半小时，在娃娃的装饰品散落一地后彤彤又去玩别的玩具了。妈妈感到困扰，因为彤彤似乎总是很快就会对一个玩具失去兴趣。当被问及为什么不再玩时，彤彤说："不喜欢呗，太幼稚。"就连她最初强烈要求的墙面画板现在也被冷落在旁。彤彤似乎无法专注于任何一件事情，很多感兴趣的事情没有一个最终的结局，这是一个令妈妈发愁的问题。

心理解读

为什么宝宝的兴趣总是"三分钟热度"呢？

　　好奇心理。从孩子的发育特点上来看，宝宝在1岁左右牙牙学语，这是他们人生历程中的重要节点。孩子会对一些新奇的事物产生兴趣，喜欢问"这是什么"，但对事物没有什么具体的概念和了解。宝宝在2岁左右开始形成"物体恒存"的观念，即使一些东西不在孩子面前，他们仍能在脑海中想象出该物品的样子。而在3岁之后，随着想象力逐渐发展，宝宝会对更加丰富多样的事物产生兴趣。新奇的事物总能引起宝宝的兴趣，宝宝不仅会接二连三地问"为什么"，还会非常愿意从行动上接触新事物。而这种好奇心理伴随着宝宝从语言到行动上的不断变化，因此，孩子广泛的兴趣主要是源于孩子身体和心理发展的特点。

从众心理。从众心理是指个体在受到外部人群行为的影响时，导致个体在自身的感知、判断和认知方面展现出与公众舆论或大多数人一致的行为方式，这是一种普遍的心理现象。尤其是孩子在婴儿、幼儿时期，没有形成自身的价值观和世界观，对于许多言语和行为都没有独立的判断，于是就很容易随波逐流，看到别人学习围棋，自己也想学，看到别人学习舞蹈，自己也想学，但他们自身却并不明确了解自己究竟对什么感兴趣、适合什么。

孩子的"三分钟热度"兴趣，有什么弊端呢？

虽然兴趣爱好影响孩子将来的事业选择，但过于广泛的兴趣爱好，却并非好事，反而会影响他们的兴趣培养和学习效率。孩子的兴趣过于广泛，主要有这三个弊端。

第一个弊端是分散兴趣的培养时间。如果孩子只有一个兴趣爱好，那么就能够集中精力对该活动进行深入探究，这会使得孩子的练习效率较高。假如孩子有着广泛兴趣，但却没有充裕的时间进行练习，那么，长此以往，孩子会变得"通而不精"，每个兴趣都只是略懂皮毛，无法精通其中一种。

第二个弊端是降低学习的主动性、积极性。孩子的大脑和精力都有"体力限制"，每天完成学习任务后，需要适当的娱乐放松。如果兴趣过多，可能会过多地占用他们的业余休闲时间。

第三个弊端是导致孩子缺乏长期的毅力和耐心。在现实生活中，很多事情都需要长期的坚持和努力才能取得成果，而如果孩子养成了只追求短期刺激和快速满足的习惯，他们可能会在面对困难和挑战时缺乏足够的毅力和耐心，从而影响他们的学习和生活质量。

应对之道

作为家长，应该如何正确引导孩子的兴趣呢？

帮助孩子确定目标。孩子小时候，父母可以以寻找真正的兴趣点为目的做尝试，但需要帮助孩子梳理真正的兴趣目标和方向。当在这一过程中发现了孩子有相关的潜力或天赋时，就可以提更高的要求。如果孩子的兴趣只是一时的，经过学习又发现他/她确实挺难上手，那就及时止损。当目标和方向明确后，让孩子把时间和精力集中起来努力，就会很容易出成绩。

根据多种因素综合考虑。家长应该根据孩子的性格、潜质、接受能力等因素综合考虑，对孩子的众多兴趣做个取舍，选择一项适合孩子的、孩子又非常喜欢的、能坚持下来的兴趣爱好为培养目标。

给予孩子一个轻松快乐的学习环境。在兴趣"内卷"的大环境影响下，社会上的教育机构已经把对孩子科学兴趣、文艺修养、运动与身体素质的培养变得很功利，远不是在为孩子的身心发展做长远考虑，仿佛要把每个孩子都培养成超常儿童，却忘掉了大多数孩子是普通人。每个父母都需要接受孩子只是平凡人的事实，不苛求孩子变得优秀。

心理小贴士

物理学家杨振宁曾说过："每一个人天生是有些不一样的地方，那么我个人觉得一个非常重要的事情就是父母和老师如果发现一个孩子在某一个方向有些特别的才干的话，可以帮助他培养这方面的兴趣，将来可能他就发展出来一个有用的职业。"杨老的言外之意是孩子的兴趣不是培养的，而是发现的。如果一个人有广泛的兴趣，那就等于没有兴趣。但父母如果能够聚焦孩子感兴趣的点深入学习发展，这小小的"苗"，终会成"大树"。作为父母，需要在宝宝成长的路上起到"引路人"的作用，帮助孩子理清方向和目标！

23
宝宝喜欢"花花世界"？

　　"花花世界"惹人眼，尤其吸引贝贝的眼球。贝贝马上就2岁了，妈妈翻看贝贝的成长日志，发现贝贝好像格外喜欢一些花布。有时奶奶拿着印满图案的布料在她面前摆弄，她总会目不转睛地盯着布料看，被深深吸引住。有一次家里来的客人穿了一件鲜艳的带花朵图案的连衣裙，贝贝也一直盯着客人的衣服看，还用小手试图去抓衣服上的花朵，惹得客人一阵乐。

　　在小孩的成长过程中，宝妈们都会发现类似案例中的情况，当刚出生的宝宝们看到色彩鲜艳、图案复杂的图形时，眼睛就会紧盯着，甚至跟着这些图案的移动摇头晃脑，似乎这些图案天生就有着神奇的魅力，似乎宝宝们就偏爱"花花世界"。那这是为什么呢？

心理解读

为什么宝宝偏爱"花花世界"呢？

　　中心视觉发展尚未成熟。 刚出生的宝宝对身边的人都很"高冷"，仿佛"目中无人"。其实，这是因为小宝宝出生时是"近视眼"，他们眼中的世界是非常模糊的。在出生第一个月的时候，新生儿的视力会经历很多变化。在中心视觉上，他们只能够注视距离他们20—30厘米的物体，也就是说在妈妈喂母乳时，他们刚好只能看到妈妈的脸和鼻孔。并且，在最初几周，宝宝由于视觉发展不成熟，很难追踪在他们面前移动的物体。在这个阶段，你会发现，在宝宝面前快速地摇动玩具，他们会"一脸懵"地看着这个物体，眼睛不能够随着物体的移动而迅速移动，只能摇头晃脑地跟着物体动来动去追踪该物体，像极了一只盯着逗猫棒的"小猫咪"。渐渐地，随着中心视觉逐步发展，到满月时，宝宝最远可以看到距离他们约90厘米的物体，虽然只是一个模糊的轮廓，但是你会看到宝宝远远地对着你"痴痴地笑"，会看到宝宝紧盯并试图抓住移动的物体。这时候给宝宝玩滚小球游戏，会逗得他们咯咯笑。

眼球光敏感性组织发展尚未成熟。宝宝从妈妈黑暗的子宫中醒来，一开始对这个五彩斑斓、光彩夺目的世界还不那么适应。小小的眼睛适应了夜色的安宁，对强光非常敏感。一开始睁开模糊的双眼，宝宝们只能看到事物由"光环"环绕的大概轮廓，一遇到强光的"攻击"，宝宝的眼睛马上进入"保护状态"，眯成一条缝包裹住眼睛，瞳孔迅速收缩或者变小。这一"保护机制"会让宝宝直到出生2周后，才开始慢慢适应这个光亮的世界，瞳孔也会逐渐变大，这让宝宝可以逐渐对光线做出反应，慢慢通过已有的视觉能力对周围的环境进行探索。随着视网膜也就是眼球内部的光敏感组织发育，新生儿观察和辨别图案的能力也会增强，宝宝会找更多新鲜的东西来看。在1个月左右大的时候，他们最喜欢的是简单的线条图，比如大大的条纹或棋盘格，到了3个月左右，他们开始对圆形的"团团"更感兴趣，比如同心圆、螺旋形状。而人脸上到处都是圆形和曲线，这也是为什么宝宝喜欢盯着人脸看的原因。

总而言之，由于瞳孔、视网膜的变化，宝宝一开始只能看到模糊的图像，所以图案对比越强烈，"花花世界"的彩色饱和度越高，在视觉上越醒目，就越能吸引新生儿的注意，这就是新生儿喜欢看黑白图案或形状对比强烈的图案，比如条纹、同心圆和棋盘格图案，以及色彩非常鲜艳的物体的原因。

应对之道

如何帮助喜欢"花花世界"的宝宝提高专注力？

家长应该怎么为"花花宝宝"提供适合他们的玩具和生活用品呢？

挑选合适的玩具与生活用品。家长可以选择颜色鲜艳、有复杂图案的玩具和生活用品，这不仅能够为宝宝提供一个自然温馨的家庭环境，还能够吸引宝宝的注意力，锻炼宝宝的专注力，为宝宝后期养成良好的观察习惯和高度集中的注意力奠定基础。

让宝宝自行选择。当家长不知道怎么为宝宝选择玩具时，可以拿起多个玩具，让宝宝自己选择，为宝宝后期形成具有自主、主动能力的性格奠定基础。在语言能力没有完全发展起来时，宝宝一般通过微笑、用手指等方式来选择自己喜欢的物品，家长对此要有所了解并报以十足的耐心积极回应宝宝的举动和选择。

家长作出同步反应。当宝宝对某个图案感到好奇时，家长要和宝宝进行同步反应，争取让宝宝做出更多的回应，进而形成温馨的亲子互动，激发宝宝的兴趣。比如可以让宝宝来场视觉的"小旅行"，让宝宝在家门口、商店、街道不断移动，带他/她去认知，看一些从未看过的东西，大声告诉他/她每个事物的名称。当然，家长还可以把一些有趣的、颜色鲜艳和通俗易懂的图案配合简单的学习内容，引起宝宝的学习兴趣，让宝宝在高度集中的注意力下进行高效学习，提升学习的效率。

心理小贴士

　　因为宝宝的视力还未发育成熟，为了让宝宝看清事物，家长在和宝宝互动时，要注意尽量选择色彩鲜明的物体，保持人脸或者玩具在宝宝眼睛正前方20厘米左右，让宝宝能够辨识出来。同时，在选择色彩鲜明的玩具或者生活用品的时候，要注意尽量避开有尖锐触角的物品，避免宝宝在抓取物品的时候受到伤害。

第四篇
行为养成篇

　　每个父母都希望自己的宝宝健康又聪明。但是，随着宝宝的长大，有些父母发现自己的宝宝有时候可爱乖巧，有时候却有一些让大人难以理解的行为举止，非常让人着急。其实每个宝宝的成长，都是通过一点一滴的模仿和探索，来获得对世界的认知的。宝宝每个行为的背后，都隐藏着他们的诉求和心理。父母们不能忽略了宝宝的心理健康，把宝宝的一些行为简单地认定是不良行为，甚至强制性地让宝宝改正。

　　心理学认为，孩子的行为是和他们的情绪以及心理联系在一起的，所以有些行为也有可能属于心理问题。本篇将介绍宝宝成长过程中可能出现的15种行为，希望能帮助每个父母"懂宝宝"，进而更好地"教宝宝"。

24
宝宝如何学会拍手、挥手？

案例导入

贝贝马上就要满11个月了，是个活泼可爱的宝宝。但是小区里的宝宝们早早地学会了拍手和挥手，只有贝贝到现在还不会拍手和挥手这些简单的交流动作。爸爸妈妈非常想让他学会"再见就挥挥手、开心就拍拍手"，都不知道教了贝贝多少遍，可贝贝就是不会。爸爸妈妈教贝贝的时候他怎么都不肯学，对着他拍手，他就冲着爸爸妈妈笑，要是强制抓着他的小手拍，他还会挣脱出来，挥手也一样，就是不跟着学，就喜欢两只胳膊像小燕子飞那样挥。偶尔能看到他自己举起小手，手腕转一转，但是爸妈要他挥手再见，他就是不做。拍手就更拍不好了，爸妈很少看到他把两只手放在一起拍。这让他的爸爸妈妈很是烦恼，担心他有问题。

心理解读

很多父母都有过像贝贝父母这样的担心。因为宝宝成长的每个阶段，都会学会不同的动作技能，父母也都非常关注自己宝宝的成长，看到他们学会一项新技能，他们总是特别开心。当然这些小技能的掌握也是有规律的，比如3个月的婴儿能抬头，4个月的婴儿可以用眼睛搜寻附近自己感兴趣的事物，5个月的婴儿可以翻身，等等。可是偶尔也有例外，比如父母看到别的月龄小一些的小孩已经会拍手，可是自己的孩子目前还不会做这样的动作，他们就会比较担心，第一反应便是难道自己的孩子不如别人，难道自己的孩子有问题？当然这些担心是应该的，但也不能过分紧张。因为每个宝宝都是不同的个体，所以即便是同月龄的宝宝，他们掌握小技能的时间也是有所偏差的，只要宝宝平时的饮食和精神状态正常，就不必过于担心。

那么宝宝什么时候能学会拍手、挥手呢？科学研究发现，由于婴儿有个体差异，在哪个阶段会学习拍手、挥手的动作也因人而异，因此有的宝宝可能较早就学会了拍手，有的宝宝则可能会晚些。但一般而言，大约在9个月以前，婴儿就已经能够将两种动作都学会了。

宝宝学会拍手、挥手说明什么？

宝宝协调能力增强。婴儿一开始是通过嘴巴来感知这个世界的，渐渐地他们便学会了通过手来触摸这个世界。9个月的小宝宝，其四肢的肌肉运动能力和手眼协调能力会有比较显著的提高，他们开始对身边的事物产生好奇心，想进行更多的探究。这时的他们开始能够把自己的小手掌相对放一起，并更好地配合，这是婴儿全方面发育良好的表现。

宝宝情绪理解能力增强。拍手、挥手的动作虽然简单，却是对心情的诠释和表达，对于宝宝来说，也意味着他们的情绪理解能力增强。如果每次开心或者是激动的时候，宝宝都会通过拍手来进行表达，通过拍手的方法与父母进行沟通交流，说明他们了解了人类最基本的情绪——喜怒哀乐，能更快地成长起来。

宝宝模仿能力增强。对于婴幼儿来说，模仿是一种很重要的学习方式。宝宝的模仿能力是很强的，他们会学习大人的动作，一般最早在6个月以后，就会慢慢学会拍手、挥手的动作。婴儿学会模仿大人的动作和手势，不仅仅是一个可爱的互动游戏，也是他们发育的一个里程碑。

应对之道

如何教会宝宝拍手、挥手？

父母以身作则。模仿是宝宝学习的主要方式，为宝宝模拟拍手、挥手的动作是帮助宝宝学习这些动作的最佳方式。研究表明，当婴儿看到成年人用手触摸物体时，他们大脑中与手相关的区域被激活。当婴儿看到成年人用脚接触物体时，他们大脑中与脚相关的区域被激活。所以父母也要多当着宝宝的面做拍手、挥手的动作，起到引导宝宝自己拍手的作用。比如当爸爸出门上班时，妈妈就可以抱着宝宝，一面挥挥手，一面说："向爸爸挥手再见。"在爸爸下班进门时，妈妈又一边鼓掌，一边说道："欢迎爸爸回家。"反复多次训练，宝宝自然而然就会做出相应的动作了。

有趣的方式。父母如果强迫宝宝学习动作，他们会很抗拒，根本提不起兴趣。如果用有趣的活动来吸引宝宝，他们就会精神饱满、情绪高涨，在潜移默化中就学会了拍手、挥手。父母可以经常和宝宝做一些简单的游戏，让宝宝学会拍手。比如吹个泡泡再击掌拍碎，爸爸先示范一下："宝宝，拍拍手，哇，泡泡破了。"也可以用儿歌的方式，比如在宝宝面前边拍手边唱拍手的儿歌："小手拍拍，小手拍拍……"一边唱歌一边拍手，来吸引宝宝的注意力，让宝宝对拍手这个动作的印象更深刻；或者创编简单的歌词，辅以拍手、挥手的动作。

及时表扬。及时的表扬可以强化宝宝的正确行为，进一步激发宝宝学习的兴趣。父母可以在宝宝每次拍手后对宝宝进行夸奖："哇，宝宝在拍手啦，宝宝真棒。"通过长时间的学习以后宝宝就会慢慢地理解拍手，这是一种非常好的交流方法。父母也可以在每次宝宝学会了新的本领或者是能够根据指令来做一些事情的时候，通过拍手的方法来进行夸奖，这样宝宝也会慢慢学着用拍手这种方法来表达情绪、想法。

心理小贴士

拍手和挥手的动作虽然简单，但对宝宝来说意义非凡。能够完成拍手和挥手的动作，就说明宝宝已成功拥有了对自己双手的掌控能力，是孩子全方面发展的最佳证明。当然因为个体差异，每个宝宝学会这两个动作的时间并不一致。父母不能太过焦急担心，正确地引导宝宝学会拍手、挥手，宝宝一定会健康成长的。

25

宝宝常常腼腆害羞，说明了什么？

悦悦今年3岁，是个长得非常帅气的孩子，但和其他小朋友比起来过于腼腆害羞了。他甚至在自己家里也会非常害怕见生人，讲话时总是低着头，听见别人谈到自己还会满脸通红。有一次，爸爸的一个朋友来家中做客，妈妈就叫悦悦向叔叔问好，结果他只是躲在妈妈的身后，朝着叔叔笑了一下，马上就低下头去了。当叔叔想和悦悦聊天的时候，他的额头突然就冒起汗来，最后还是没有说出话来。后来叔叔还想把带来的礼物送给悦悦，妈妈让他道谢，但是他却扯着妈妈的衣角就是不敢伸手。叔叔主动将东西递过来，悦悦吓得不断地退后，躲到桌子后面，显得非常害羞紧张。最后妈妈也实在没有办法，只能让他一个人去玩了。

心理解读

生活中我们经常会看到像悦悦这样腼腆害羞的宝宝。通常这样的幼儿在面对全新的环境或者陌生人的时候，会变得腼腆、容易害怕、胆小、犹豫不决或者过于沉默。其表现主要有：在有陌生人的场所闷声不响，讲话总是脸朝下，爱脸红，爱躲在家长后面；在幼儿园里不敢向教师问好，也不敢回应教师的问好，更不敢直接向教师提出问题；在学校和其他孩子们进行游戏的时候，声音细小，慌慌张张，非常没有自信。

从心理学角度来看，害羞是我们人类的一种自我保护策略，是人与生俱来的一种行为特质，所以害羞其实是孩子的一种情绪表达和自我保护方式，在儿童中是极为普遍的一种行为。一般情况下，6个月前的宝宝还不太会认人，情绪表现也不够细腻，很少会出现害羞的问题。6个月之后的宝宝认知、情绪等进一步发展起来，这个时候见到陌生人就会开始有点紧张、胆怯、沉默和不爱笑了。1岁以后，特别是进入幼儿园后，宝宝有非常多的机会接触新的环境、新的人群，他们能更清楚地分辨出熟人或陌生人，腼腆害羞也就变成了经常出现的行为。随着年龄的增长，害羞的情形会慢慢地改善，但还是有少数的宝宝可能到了6岁还会害羞。

宝宝为什么会腼腆害羞？

先天生理因素的影响。心理学认为每个人的气质和个性都是不相同的。有的宝宝生来很内向，有的宝宝就比较外向。一般来说，性格相对内向的宝宝比较容易害羞、胆怯。此外，倘若家长自己就是内向的性格，他们的宝宝也容易出现胆怯和内向的情况，特别是当宝宝在遗传及气质上都存在害羞内向的倾向，并且又经常处于陌生的情境中时，就会让他们变得比其他宝宝看起来更害羞。

父母不当的教养方式。有些父母的养育方式是溺爱型的，他们对宝宝会过分宠爱，认为孩子太小了，任何事情都做不好，于是包揽了一切。但这种溺爱的养育方法会造成宝宝对自己的行为和能力产生怀疑，形成一种畏惧心理。还有一些父母的养育方式是专制型的，他们对宝宝采取的是比较严厉的管教方式，动辄发号施令，甚至动不动就指责训斥宝宝。宝宝的情绪长期被"压制"，独立能力也不能有较好的发展，在行为上就会表现出害羞、自卑、退缩的情况。

缺乏社会交往。有些父母因为工作比较繁忙，会经常把宝宝关在家里，使得他们很少接触家人以外的人。一旦宝宝很少出去玩耍，很少接触其他人，就会缺少正常的社会交往，缺少与人打交道的锻炼机会。这些宝宝会错过很多学习社交技能的机会，进而欠缺社会经验，形成容易害羞的性格。

不正确的自我评价。宝宝害羞和腼腆还有一个最根本的原因，就是他们对自己的评价不够正确，自信心不够。这种不正确的自我评价的形成可能是因为父母给宝宝贴上了"害羞"的标签，使宝宝也认同"我就是害羞的性格"这一评价；当然也有可能是因为过去反复失败的经验教训令他们缺乏自信心，因此表现得懦弱、胆怯。

应对之道

宝宝腼腆害羞怎么办？

为宝宝提供宽松的环境。溺爱型和专制型的父母都会使自己的宝宝越来越害羞，所以父母首先要改变自己，改变家庭的环境。父母要给宝宝创造一个宽松民主的生活环境，和宝宝相处的时候，要态度和蔼、语调轻缓、情绪平稳。在没有心理压力的氛围当中，宝宝自然会比较活跃，慢慢地就不会再那么害羞了。

增加宝宝社会交往的机会。很多宝宝有腼腆害羞的表现，并不全是因为他们先天就这样。父母平时应多带着宝宝进行社会交往，给予宝宝社交锻炼的机会。可以经常带宝宝出去串门，去邻居家，去公园，引导宝宝多接触陌生的环境、陌生的人。也可以邀请亲戚朋友到家里面来，让孩子逐步与他人进行互动。还可以多鼓励宝宝参加各种社会活动，多提供宝宝与同龄小朋友交往、玩耍的机会。

增加宝宝的自信心。腼腆害羞的宝宝一般对自我的评价比较低，不够自信。所以，父母要及时鼓励表扬他们，不断培养孩子的自信。当宝宝见到陌生人且表现出害羞腼腆时，不要批评责怪他们。但当宝宝主动跟别人打招呼，害羞地对新朋友微笑，主动给客人拿水果、搬椅子时，父母要及时给予表扬。宝宝一旦得到了较多的认可和赞扬，自信心会不断增强，就不会总是腼腆了。

采取树立榜样和游戏的方法。可以给害羞的宝宝树立好榜样，让他/她去模仿。比如针对宝宝的害羞创编故事。给宝宝讲讲害羞的丑小鸭是如何勇敢地踏出第一步，成为美丽又受欢迎的白天鹅的故事。还可以和孩子一起玩角色扮演游戏，让孩子克服害羞的情绪。比如妈妈扮演老师，孩子扮演学生，进行打招呼的小游戏；父母也可以扮演宝宝的小伙伴，跟他/她进行沟通交流。

第四篇　行为养成篇

心理小贴士

对3至6周岁的幼儿而言，腼腆害羞是十分正常的现象。但如果宝宝总是过于腼腆害羞，则会阻碍他们的社会交往能力的发展，甚至还会使他们变得更加沉默、懦弱、缺乏自信，不利于他们的人格发展。作为父母，应该帮助宝宝克服腼腆害羞的心理，让他们变得自信大方起来。

26

宝宝不会与他人合作，该怎么办？

案例导入

丁丁今天在强强家里做客，他们在一起玩游戏。丁丁看到房间里有很多的积木，就对强强说："强强，我们一起来搭积木吧。"强强说："好啊，我要搭个漂亮的房子。"丁丁说："好，搭个圆顶的房子。"强强说："不，要方形的。"两个人争执了起来，最后终于开始了游戏。刚开始的时候两人都玩得很好，可是过了一会儿，就听到强强大喊大叫了起来："你干嘛拿这么多积木，我要的这块也被你拿走了。"说完就跑去客厅向妈妈告状说丁丁乱拿他的积木。在妈妈的劝说下强强虽然回来了，但是非常不开心。后面两个人又因为

一块积木的摆放位置吵了起来，互不相让。最后，他俩的游戏还是没有完成。丁丁和强强心里都非常难受，两个本来关系很好的朋友互不理睬对方了。

心理解读

我们经常可以发现这样的孩子，在游戏过程中出现问题时往往以告状或者攻击别人的方式来处理冲突，遇到困难时往往求助于成人而不懂得在同伴那里寻求帮助。其原因主要是不会分工协商和交流，缺乏合作的意识和能力。此外还有一些孩子，他们胆小、沉默、安静、不合群，宁愿自己孤独地坐着，也不和其他小朋友玩耍。但在家中，却是另外一种模样：活泼可爱、能言善辩。其

原因也是不会与人交往与合作。

合作是指由两个或两个以上的个体为达到共同目标（利益）而自动组合在一起，经由彼此间的配合与协作（包括话语与行动）来达成共同目标（利益），使个人利益也得到满足的一种社会交往活动。对于小朋友而言，在玩耍、学习、活动时，只有积极参与、分工合作、协调矛盾、调节关系，才能使活动顺利地完成，同时每个人也在积极协调和配合活动中实现目标，这便是合作。幼儿的合作主要体现为学会独立思考，理解、关怀、接纳、帮助和接受别人，会协商讨论问题，有社会责任心，能参加团体活动，乐于为集体多做贡献，等等。

为什么宝宝不会与他人合作？

以自我为中心的心理。认知发展阶段理论指出，2—7岁的幼儿处于前运算阶段。这个时期的幼儿总是以自我为中心，希望其他人能够尊重自己的意见，听从自己的安排。但是如果在与别的小朋友玩耍和交往的过程中，发生不合意愿的事情，也不愿服从多数人的意愿，只能停止和他人的合作，独自游戏。另外还有一些家庭是独生子女家庭，宝宝像小皇帝、小公主一样，加剧了他们以自我为中心的倾向，很难产生合作的意识。

缺少与同伴交往的经验。要进行团结合作，交流沟通的技巧是不可缺少的。很多宝宝不知道怎么与其他人沟通，他们或者是表达能力不好，或者是不敢大声、自信地表述自己的观点。而当同伴理解不了自己的想法时，就会造成交流不顺畅，宝宝逐渐地就会被边缘化，长此以往，与他人的交流合作就更少了，变得越来越孤独。

家长溺爱。一些家长过分宠爱自己的宝贝，觉得他们是自己的"心肝宝贝"，含在嘴中怕化掉，拿在手中怕摔了。因为父母在家里都是事事包办，也就没有注意培养宝宝的独立性，没有培养他们的交流能力和动手能力。这也导致宝宝的独立性差、依赖心理强，这种"过度保护"让孩子们失去了对环境最基本的适应力。他们完全没有与人合作的意识，也很难参与到和其他小朋友的合作中去。

如何培养宝宝的合作意识和能力？

树立合作的榜样。 父母的言行会潜移默化地影响宝宝，父母要注意自身的行为，为宝宝树立正面的榜样。所以，如果在家庭里父母能合理分工，相互配合，共同合作，将对幼儿起到很好的示范作用。例如，在做饭的时候，爸爸可以负责洗菜，妈妈负责炒菜；在打扫房间卫生时，爸爸负责拖地，妈妈负责擦洗家具，这些其实都是对宝宝合作行为的熏陶。另外，同伴也是宝宝观察模仿的对象，可以有意识地引导宝宝与有合作意识、协作能力较好的小伙伴做朋友，这也是一个教会宝宝合作的好方法。

提供合作的机会。 想要培养宝宝的合作能力，父母必须想办法给他们提供合作的机会。比如可以安排宝宝和同伴一起进行合作的游戏，让宝宝在规定的情境中去感受沟通和合作带来的益处。当孩子们产生冲突矛盾的时候，不要直接插手他们的争端，让孩子自己在相处中通过协作来处理矛盾。这样宝宝才能发现想要完成游戏，完成大家的共同目标，一定要相互依赖、共同讨论、彼此支持、互相激励，慢慢地他们就会产生合作的意识，学会合作了。

传授合作的方法。 宝宝有时候没有在需要合作的活动中有意识地表现出协作行为，这或许是因为缺少了方法。这时候就需要父母告诉他们合作的方法，并引导他们与同伴进行合作。比如，在搭积木或做超市游戏时，如何和同伴一起商量分工合作；发生问题时，如何协商配合处理矛盾；当玩具或游戏材料数量太少的时候，如何互相协调、轮换或共同使用；在小伙伴们遇到困难时，如何积极地用行动、语言等去帮助他们；在自己出现问题、一个人又无法处理时，如何主动地找小朋友们协助；等等。而利用这些具体的合作情境，就能够帮助小朋友们循序渐进地学会配合的方法与策略，慢慢学会合作。

强化良好的合作行为。 当宝宝表现出合作的行为，并能较好地和其他孩子一起活动或游戏时，家长应适时地予以表扬、奖励，比如"你能商量着、合作着玩，真好！""你们俩配合得真好！"配上赞赏的眼神、赞许的话语、微笑的脸庞，或轻抚孩子的肩，对孩子关切地点点头，竖起大拇指等，都会让孩子获得很大的激励，从而更加激发孩子合作的积极性，孩子就能够更多地、自发地采取合作行动。

心理小贴士

联合国教科文组织国际21世纪教育委员会提出的21世纪教育的四大支柱是学会求知、学会做事、学会共同生活、学会生存，其中学会共同生活即指在教育中要培养孩子与人合作、共享成果的能力。合作是孩子健康快乐成长、人际关系协调、适应社会生活的不可或缺的关键素养，但是因为孩子的协作态度与合作行为并非与生俱来的，所以父母要对孩子从小进行指导与训练，逐步培养其合作的意识和合作的能力。

27

宝宝为什么喜欢帮大人做家务?

兰兰自从学会迈开步走路,就特别喜欢帮着大人干活。妈妈扫地的时候,她要抢来扫帚,拿过去自己扫;爸爸拖地的时候,她也会来抢拖把,一定要自己拖;妈妈做饭的时候,她还是要来插一手,帮着洗菜,结果把水弄得到处都是;帮着爸爸妈妈拿碗,结果不小心把碗掉到地上摔碎了。反正不管妈妈和爸爸干什么,她都要来"插一手"。可是,如果爸妈越是不让她帮忙,她抢得越欢,抢不到的时候还会闹脾气。

心理解读

像案例中这样的情景,应该在很多有宝宝的家庭里出现过。很多父母都发现,学龄前的宝宝好像特别喜欢帮忙做家务。他们会学着父母做各种家务,比如洗碗、扫地、洗衣服等。但他们由于生活经验和实际能力不足,常常"好心"办了"坏事","帮忙"变成了"帮倒忙"。因此,很多父母往往会以宝宝年龄太小、安全得不到保障、做不好得返工等理由拒绝他们。

其实宝宝天生喜欢劳动,喜欢帮忙做家务也并不是一件坏事。一项针对国内两万户小学生家庭开展了研究,证实了做家务的孩子比不做家务的孩子成绩优秀的概率高27倍。而家务劳动对于幼儿的运动能力、感知能力的开发和社会责任心的养成,起着举足轻重的作用。事实证明,让幼儿承担一定的劳动任

第四篇 行为养成篇

129

务，可以培育他们的创造力和责任感。因此，父母要创设良好的条件，引导宝宝养成爱做家务的好习惯。

宝宝为什么喜欢帮大人做家务？

好奇心的驱使。儿童心理学研究指出，幼儿心理行为的自主性明显增强，更愿意独自地进行体验。比如1岁多的小宝宝，才刚刚会走路，就会用自己的肢体来接触并感受外界的一切。所以，当父母做家务的时候，宝宝会对大人的劳动工具产生好奇，会把家务活动当成是游戏活动。在这种"好奇心"的驱使下，就什么都要插一手，比如大人扫地他们也要扫，大人洗衣服他们也要洗，大人做饭他们也要做，大人倒垃圾他们也要倒……这也可以称为宝宝的劳动敏感期。父母一定要尊重宝宝的好奇心，激发他们探索的兴趣。

自主性的发展。自主性是指个体通过自己的能力完成自己合理选定的任务和目标的能力，是幼儿健康成长的主要标志之一。心理学家认为，幼儿从3岁起便开始出现自主意识的萌芽，这个时期的幼儿喜欢自己的事情自己做，要求自己吃饭、自己穿衣、自己洗澡，甚至当父母烧饭、洗衣，以及做其他家务的时候都要来插一手。如果父母对孩子的主动性行为进行批评，甚至是惩罚，就会打击他们从事活动的热情，使其丧失自信心，形成退缩、被动、压抑和内疚的人格。

《3—6岁儿童学习与发展指南》是学前教育的国家指导性文件，其中明确指出了学前教育阶段要求幼儿"具有自尊、自信、自主的表现"。父母要注意不过多地限制或者过度地干预，发展儿童的自主性。

模仿的本能。模仿是幼儿学习的最主要的一种方式。幼儿会不断地模仿家长、身边的大人和小伙伴们，不停地学习，增强自我意识，提升各种能力。由于家长是幼儿的第一个教师，是陪伴他们最多的人，所以家长正是幼儿模仿得最多的人，幼儿会模仿家长的语言，也会模仿家长的行动，所以幼儿就会喜欢模仿家长打扫、擦拭桌椅，或者是炒菜等家务劳动。

父母可以利用宝宝模仿的学习方式，培养他们良好的生活习惯。也就是说，父母要时刻允许孩子模仿好的行为动作，当孩子模仿得多了，就会养成习惯。幼时养成的良好习惯将会让孩子一生受益。

当宝宝帮忙做家务时，父母该怎么做？

保持良好的耐心。宝宝因为年龄小，能力有限，做家务虽然有热情但是最后结果却往往是帮倒忙。如打扫不干净，弄湿了衣物，择菜弄得到处都是。面对宝宝"帮忙变捣乱"，不少父母的情绪会突然变差，甚至会埋怨、责备宝宝。而这么做的结果是不但挫伤了宝宝劳动的热情，也让他们对自己的能力产生怀疑，变得自卑起来。

事实上，在宝宝还处于婴幼儿阶段的时候，参与劳动的意义要远远胜过劳动的成果，因为这也是他们不断地积累知识、敢于探索、不畏困难的体现。在宝宝成长的过程中，父母还是需要多些耐心、包容心，给他们更多的学习时间，相信他们会做得更好。

选择适合的活动。家长不要一开始就让宝宝做一些很难的家务，以免他们因挫折而产生抗拒和畏惧心理。因为不同年纪的幼儿的活动能力、知识水平、体力和耐心都不相同，所以父母在要求宝宝承担家务时，应该针对年龄特征和实际状况，做出具体的规定。比如对于三四岁的小孩，可以让他/她学会在饭前放置餐具、清洁手帕、整理碗筷等；对于五六岁的小孩，则可让他/她学会折叠被褥、收拾餐桌、打扫卫生等。除了必要的帮助外，不宜要求过高、过严，应根据宝宝的实际情况，让他们一点一点进步。

教授必要的技能。家务劳动是需要技能的，父母不能期望宝宝在没有经过任何训练的情况下，就能把事情做得很好。在最开始的阶段一定要花费时间耐心地教导宝宝，给他们分配合适的任务，教会他们正确的劳动方法和技能。父母可以从身边的小事做起，在引导宝宝完成每一件家务时，要给宝宝清楚地演示每一个步骤，让他们按照步骤完成，逐渐掌握正确的技能。如清洗蔬菜时需要先穿上围裙，搬一张小椅子，站在小椅子上，卷起衣袖，开始洗菜；洗菜的时候，要把清水倒进盆里，然后再把菜倒进去……这些看上去虽是很小的事情，却确实为孩子提供了很好的训练机会，无形中提高了孩子独立生存的能力。

给予适当的奖励。人都喜欢他人的鼓励，特别是年龄较小的宝宝，他们更喜欢接受成人的表扬。所以在宝宝顺利完成一项任务时，应该多给予相应的肯定和表扬，一旦他们的劳动能力得到肯定，宝宝一定会万分激动和开心，会较大限度地提高自信心。比如父母可以对宝宝说："哇，你真棒！""你做得真好！""你真厉害！"另外，父母的表扬如果是以描述的方式展开的话，激励效果会更好。例如"我看到你给我整理了书桌上的垃圾，并且擦去了书桌上的水，真不错"等，这样的激励对宝宝的发展更有促进作用。

此外，还要注意少用物质上的奖励，因为经常用物质来表扬宝宝，会使家务劳动成为一种交易。一旦没有了物质的刺激，宝宝就可能会失去劳动的动力。

心理小贴士

做家务不但能够培养和发展宝宝的身体素质，还能够促进他们的感知能力发展，提高宝宝自主生活的能力。家长如果一味地阻止宝宝做家务，只会让宝宝变得越来越不自信、越来越懒惰、越来越胆怯。父母应引导宝宝进行适宜的家务劳动，只有这样才能帮助他们健康成长。

宝宝出口成"脏"，发生什么了？

28

案例导入

果果的生肖属狗，他是一个非常调皮的孩子。妈妈总是因为他的调皮捣蛋和古灵精怪，开玩笑叫他"你这个狗东西"，后来甚至成了口头禅和对他的昵称。但是过了没多久，妈妈发现只要有事情是果果不喜欢做的，或者又开始调皮捣蛋的时候，他就会竖起食指，一边指着妈妈，一边大声

喊道："你这个狗东西！"妈妈每次看见果果这样，都觉得又好气又好笑。虽然也会批评他"不可以这么没有礼貌"，但果果不但没有停止，反而说得更加有劲，嘴里一直不停地重复"你这个狗东西"。

后来果果在小区里和其他的小朋友玩游戏，别人不给他玩具或者不顺从他的意愿，他就会指着对方脱口而出："你这个狗东西！"妈妈看到这种情况，非常头疼，不知道该如何教育果果才好。

心理解读

像果果这样说脏话的行为可能每个宝宝都会有。据学者统计，有八成的孩子都说过脏话。什么是脏话？脏话没有公认的定义，通常是指人们在人际交往过程中说出来的不雅致、不文明的词或句子。在现实生活中，成人说脏话一般是为了羞辱、伤害他人或非正常发泄情绪。但对幼儿来说，由于年龄的限制，其说脏话的行为与成人不同，更多的是出于模仿。

说脏话影响宝宝的人际关系，可能会影响他今后的学习和生活。父母在发

现宝宝有说脏话的行为时，要耐心地和他们沟通，询问宝宝说脏话的原因，着手帮助宝宝改掉说脏话的习惯。

宝宝为什么会说脏话？

单纯模仿他人。宝宝在学习口头语言的幼年阶段，往往没有分辨是非善恶美丑的能力，分不清语言的褒贬，对于脏话，会存在好奇模仿的心理。可见这个时期宝宝说脏话并非为了攻击他人，只是如果家里或者外面有人在说脏话，那就可能会变成宝宝效仿的对象。父母在发现宝宝说脏话时不必过分强调和阻止，正常地对待孩子，孩子很快会忘记这一茬，从而小事化了，反之很可能会加深孩子的印象，进一步激发孩子的好奇心，产生麻烦。

宣泄不满情绪。脏话很多时候是宝宝在有不满情绪的时候出现的。例如在与同伴玩耍、情绪过于激动时有可能会飙脏话；在和父母意见发生冲突的时候，可能会在言语上冲撞父母；犯错误在老师面前受批评时，很可能会通过不礼貌的方式狡辩、顶撞老师。当宝宝没有机会或者没有能力表达清楚自己的情绪时，就有可能会通过说脏话来发泄内心不满。显然这个时候宝宝的情绪已经十分激动，父母不能通过粗暴禁止或一味说教来教育他们不说脏话，而应该就事论事，了解宝宝的内心世界，帮助其排解负面情绪。

处于语言发展敏感期。宝宝3岁左右便进入了语言发展的敏感期，这个时期，幼儿的语言能力得到了迅猛的发展。他们会把语言当成新的玩具，说话也变成了做游戏。偶尔说了一次脏话后，发现父母的反应很激烈，他们就会觉得这件事情很好玩，因此会不断地说脏话，希望得到父母的反馈，这个过程会让他们非常开心。宝宝其实也并不打算使用脏话来表达自己的想法，而只是想通过脏话来感受脏话的力量，验证脏话的威力。父母应该理解自己的宝宝，不要认为说脏话就是人品有问题。

获得他人的重视。宝宝的心理其实是相当脆弱的，是需要巨大的安全感来支持的。一旦父母由于疏忽，或者其他因素而暂时不能带给孩子充分的安全感，那他自己很可能会去积极地寻求安全感。但是，大多数时候父母会无暇关注自己的孩子，这也会使孩子产生危机感，而比较急切地要求父母给予安全感，常规的方式如果不行，那就通过说脏话的方式来吸引父母的注意。

怎样可以让宝宝不再说脏话？

理性应对宝宝说脏话的行为。遇到宝宝说脏话，父母也无须太紧张，因为这并不是道德问题，而只是在特定时期容易发生的一种现象。所以一旦听到宝宝说脏话，父母也不必大惊失色或勃然大怒。过激的反应会让宝宝觉得有趣，只会更频繁地重复讲脏话的行为，所以冷静处理才是最关键的解决对策。父母可以语气平和地询问宝宝："这些脏话是什么意思？你真正想表达的意思是什么？"一定要避免对宝宝恶语相向、威胁恐吓。

净化语言环境。因为大部分宝宝是通过模仿而学会说脏话的，所以应该先找到他们模仿的对象，并有效切断脏话的来源，以净化语言环境。如果宝宝是从父母那儿学会说脏话的，那父母就一定要及时改正，以身作则；如果宝宝的脏话是从同伴那学来的，家长就一定要及时与老师沟通，以便老师教育首先说出脏话的那个孩子；如果宝宝是在影视作品中学到脏话的，那么父母就应该做影视作品与孩子中间的"过滤器"，谨慎地为宝宝选择恰当的影视节目。

教会宝宝适当表达和自我控制。宝宝说脏话，有时候是消极情绪的表达。他们的生活经验和语言表达能力都很有限，很可能就会以说脏话的方式来进行情绪宣泄。所以父母要注意发展宝宝的语言表达能力，在宝宝因遇到困难而发怒之际，耐心引导他们说出"我很不高兴""我生气了""这会儿我不想和你玩了"等比较文明的词句。

父母还要让宝宝懂得自我控制，逐步改掉讲脏话的不良习惯。当宝宝有不良情绪需要宣泄时，父母可以教给他们一些合适的发泄方式，比如，将不愉快的事情告诉父母或朋友；大喊儿句，赶走心中的郁闷；开展体育活动（如拍篮球、踢足球等）。

给予宝宝适当的奖励和惩罚。当宝宝不说脏话，能够说出积极、优美的单词或句子时，父母一定要进行夸奖与鼓励。父母的表扬，会使宝宝有成就感，使他们更乐于运用一些优美的词汇，来得到更多的表扬或鼓励。如果宝宝发现"好话"的作用比"脏话"大得多，就会更加注意模仿良好的语言，提高他们运用良好语言的积极性。

如果宝宝屡教不改，父母还可以适当地使用取消小零食、禁止看动画片、不去游乐园等方式进行惩罚，让宝宝明白说脏话是错的，会带来很坏的影响。

心理小贴士

宝宝说脏话的现象非常普遍，几乎每一个父母都会遇到类似的情形。但如果不及时制止，它会变成一个恶习，还会带来很多恶劣的影响。父母平时要多关注自己的宝宝，在他们说出脏话的时候及时采取相应的对策，帮助宝宝变成一个有素质的人，使他们在今后的社会生活学习中获得更大的肯定，受到更多人的欢迎。

29
孩子总是坐不住，是多动症吗？

　　5岁的欢欢对妈妈说想学画画，妈妈拿来画笔和白纸，让她跟着自己学习怎么画画。结果才讲到一半，欢欢就坐不住了，妈妈只能要求她一定要认真听完。好不容易学完了，妈妈要她画下自己喜欢的东西。欢欢就坐在书桌前，手中握着画笔，眼睛却不知道看到哪里去了。妈妈问她，想好画什么了没有，她就指着窗外，告诉妈妈想画窗外的风景。她在纸条上画了几条线，好像要开始画画了。于是妈妈转身去了厨房，看看锅里正在炖着的汤怎么样了。趁着这个时间，欢欢偷偷跑出了家门，来到了院子里，院子里的孩子们正拿树枝在地上乱画。欢欢也蹲在小朋友们的旁边，两个眼睛都睁得圆圆的，看着他们拿着树枝作画。她完全忘记了自己还有画没有完成。

心理解读

　　从案例中的这个故事可以发现，欢欢就属于那种大家经常讲的坐不住的小朋友，孩子经常坐不住，令父母和教师们都很头痛。可是通过欢欢的故事，我们也能发现，欢欢并不是真的因为不专心而坐不住，只是因为她被一些好玩的事情吸引了目光，无法控制自己的行为，还不太懂得和习惯去遵循一定的规矩。

很多像欢欢这么大的学龄前儿童可能也会存在坐不住的现象，比如集中注意的时间短、容易分心、随意走动等，但是父母们要明白这并不是幼儿的错，不能因此批评孩子，更不能随意给孩子贴上"多动症""特殊儿童"的标签。坐不住是学龄前幼儿普遍存在的一种现象。儿童多动症的临床表现，在本书第3节《婴幼儿常见心理疾病的识别、成因与预防》中有涉及，读者可参考。

宝宝为什么总是"三心二意"？

注意力的发展规律决定年龄小的孩子难以集中注意力很长时间。注意力是人的一种重要的心理能力，它几乎伴随了人的一切心理过程。儿童大约从3岁开始，就能逐渐有意识地将自己的精力集中在某一件事情上，我们称之为注意力集中。5到6岁的儿童可以集中注意力大概10到15分钟，7到10岁的儿童就可以集中注意力大概15到20多分钟，而10到12岁的孩子则可以集中注意力25到30分钟，12岁以上的儿童则可以集中注意力到30分钟以上。也就是说，其实儿童集中注意力的能力是受到年龄限制的，家长了解到这一点，才不会由于自己期望不当而错误地认为孩子的注意力存在问题。

好奇心的驱使。好奇是儿童的本性，对于儿童而言，身边的任何东西都是新奇的。他们对大自然、对生命永远抱有兴趣，并可以把自身敏锐的感觉和万事万物联系，而坐不住、积极主动的探索正是他们开启认知世界大门的表现。

生理因素。从生理上说，营养状况不良、脑部疾病都有可能造成儿童无法集中注意力的后果，家长需要先将其排除；儿童如果处于身体过于疲劳的状态，也容易注意力不集中；另有研究表明，儿童如果大量食用添加剂过于丰富的食物，也会对注意力造成损害，这点家长也应注意。

心理因素。儿童的注意力不集中更多源于心理因素，比如孩子对于要做的事情的兴趣和意愿不强、孩子的行为习惯不好、孩子的意志力较弱、孩子的情绪状况不佳等，而这些又往往和家长的教养方式密切相关。如果遇到孩子注意力不集中的问题，若家长能对自己与孩子的互动做好反思，往往能够找到问题的症结，进而达到帮助孩子改善注意力的良好效果。

如何让孩子告别"三心二意"？

观察孩子注意的动向。在上课的时候，孩子出现走神、随意走动的情况是非常普遍的，教师要先看看他们的注意力是被什么东西吸引的。大多数时候孩子是能主动地回归到课堂上来的，可以给他们一点自主调节的时间。比如有时小朋友或许仅仅是听到了窗外的鸟叫声，于是抬头望了一会儿，等鸟飞走后，他/她的目光又会收回到课堂上去。在平时的家庭生活中，父母也可以通过这种观察方法，针对当时的情况为孩子创造自我调整的机会；另外父母还可以通过观察来确定什么东西或物品对孩子最具吸引力，孩子在看书或学习的时候，可以让他们离开这些东西或暂时将东西放到不会被发现的位置。

从孩子的兴趣出发。当孩子做出不感兴趣、玩了一会儿又不想玩了的举动时，父母也要思考这个事情是不是对他们没有吸引力。从孩子感兴趣的东西着手，是使他们坐得住和集中注意力的第一步。另外，父母也可采用谈话的形式与孩子展开讨论，启发他们的思维。当然谈话时父母要全神贯注地倾听，始终保持耐心，给出有效的回应。父母也可以从孩子关心的事情开始，例如打开家庭的相册，给他们讲一讲每张照片背后的故事，来培养幼儿的注意力。

体会专注带来的成就感。可以在日常生活中找素材，让孩子从日常生活的情景中体验专注的力量。例如父母可以和孩子一起共同体验做包子，从和面开始慢慢学习，引导孩子自己研究面团与水的比例，从每一个揉面的动作中感受面团慢慢成形的过程，亲手设计包子的形状，然后等待包子出锅……每一个步骤都可以使幼儿在时光的流动中体验到自我和生活的关系，也体验到专注时的成就感，这些快乐的感受能激励他们更专心地投身到下一个活动当中。

和孩子一起讨论规则。在日常生活中，父母还可采用讨论的形式与幼儿共同制定家庭协议或行为约定，这样可以使孩子对自己的承诺负责，更好地遵守纪律。不过在探讨怎样让孩子坐得住以前，家长必须清楚了解，让儿童坐得住的要求是为儿童的发展考虑的，还是为成人的看护孩子方便服务，如此才能明白哪些是合理的要求，哪些是不恰当的要求。

改进教养方式。孩子注意力不好，和父母的教养方式不无关系。比如父母在养育的过程中总是习惯干扰打断孩子，让孩子无法体验专注；再比如父母自己的生活比较混乱，因此孩子也生活在无序中，自然也就无法专注；还有父母对孩子的不良行为贴标签下定义，给孩子不好的心理暗示和消极的自我认知。

培养孩子的注意力。家长要注重能力技巧的教导，最好是以游戏放松的方式，比如在外出散步时、餐厅等位时、一起坐车时，可以以游戏的方式（如木头人游戏、复述故事细节的游戏等）帮助孩子建立良好的注意力习惯。

心理小贴士

　　注意力不集中是孩子成长过程中的常见问题，它只是一个现象，折射的是孩子身心发展的困难、亲子互动的不足、父母教养的误区，甚至是父母不好的生活习惯，所以父母要放下焦虑、细心反思，找准原因、对症调整。

30 宝宝喜欢打人，这是怎么了？

　　嘉嘉是一个4岁的男孩子，长得十分可爱，但妈妈发现，嘉嘉喜欢打人。不管是在家里，又或者是在室外，他只要生起气来就会动手打人。有一次，嘉嘉和爸爸下棋，爸爸跟他开玩笑说："嘉嘉真笨，总是输。"他就非常生气，马上冲到爸爸面前对他又打又踢，即使爸爸道歉他也还是不依不饶。还有一次，妈妈让他到小区和小朋友打球。由于皮球总没传到他这边，嘉嘉又生气了，便开始动手打小朋友。每当嘉嘉打人的时候，妈妈都会批评他，告诉他打人是不对的，会给别人带来伤害，他也会表现出非常后悔的模样，会主动向被打的人道歉。可是过了没多久，他就会忘掉妈妈的提醒，又开始打人了。妈妈感到非常困惑：怎么看上去乖巧懂事的小孩，发起火来就忍不住打人了呢？这孩子是怎么回事呀？

心理解读

　　生活中嘉嘉这样爱打人的孩子也并不少见，因为打人是儿童在孩童时期一种非常常见的不良行为。打人又被称作攻击性行为，攻击性行为是指以直接或间接的方式故意伤害他人的心理、身体、物质、利益等，从而引起他人产生痛苦、仇视等的心理反应的社会现象（如儿童骂人、打人、故意损坏他人物品等，都属于攻击性行为）。而攻击性行为则是儿童在身心成长过程中所表现出来的一种负面的社会性行为，大致体现在以下两个方面：一是身体侵害，即通过利用身体的某个部位去恐吓、侵害他人，如打人、咬人、踹人、掐人等，这属于幼儿期比较普遍的攻击性行为；二是话语侵害，即通过使用语言取笑、讽刺、诽谤、侮辱他人，主要表现手段有辱骂、嘲笑、挖苦等。

通常情形下，1岁的婴儿已经会用工具进行攻击活动，到2岁的时候，幼儿和同伴之间会产生明显的攻击行为，如踢、推、咬等，他们的攻击性活动在数量、形式等特点上出现了较大的不同。从发生概率上讲，在4岁以前，幼儿的攻击性行为的发生率逐步上升，到4岁时最高。

宝宝为什么喜欢打人？

发泄情绪保护自己。 挫折是导致攻击性行为出现的一个直接原因。心理学家指出，攻击性行为的源头就是挫折，当一个人朝着既定的目标前进时，一旦遇到困难，就会产生挫败感，这种挫败感在行为上常常表现为对人对物的攻击性行动。当幼儿受到挫折后，由于缺乏控制自己的能力以及人际互动的意识，又或者为了减少内心的负担并且维护自我的尊严，就采取了攻击别人的方式来宣泄自己的情感并维护自己的自尊。

认知能力较差。 儿童的认知能力主要涉及感知觉、记忆、想象、思维、语言等方面，而儿童的感知觉偏差、记忆紊乱、想象夸张、思考与分辨能力不足以及语言表达混乱，都有可能导致儿童攻击性行为的出现。这些有攻击性行为的幼儿，通常对攻击性行为的影响有一个错误的认识。在他们眼中，攻击性行为可以更有效地避免别人对自己的挑逗，消解一些令人不满意的举动，所以，他们更偏向于把攻击行为作为维护自我的常用工具。

观察模仿的结果。 有位心理学家曾开展了一个专门研究儿童模仿能力的实验——波波玩偶实验。实验发现，观看过成人暴力行为的孩子会仿效大人的攻击行为，且一旦在他们所生活的场景中经常有攻击性现象发生，又或者在观看的影片中经常出现暴力行为的镜头，他们就会去效仿、练习。

家教不当。 不同父母的养育方式不同，会对幼儿产生不同的心理影响，其中专制型、溺爱型和放任型的家庭教育都有可能会导致幼儿攻击性行为的出现概率增加。例如，溺爱型的家长会对幼儿无条件地迁就，有求必应，长此以往，幼儿就会形成霸道、任性、以自己利益为中心的个性。他们做事时没有恒心和耐性，遇事冲动，当他们的要求不能被满足时，就可能会出现攻击他人的行为。

应对之道

怎样可以让宝宝不打人呢？

加强亲子沟通，父母做好榜样。父母是孩子的第一个教师，对孩子的发展产生重要的影响。在孩子出现攻击性行为时，父母应该耐心聆听孩子心里的想法，使孩子感受到成人对自己的信任，等孩子说完以后，父母才能根据孩子说的内容做出正确的反应。如此，父母才可以更好地深入孩子的内心世界，进而让其攻击性言行得到控制。

另外，父母也要注意在生活上给孩子树立良好的言行榜样。不仅应切实增强自身的文化素养，还要规范自己的言行举止，并注意与周围的亲友和睦相处、积极合作，并热心帮助他人排忧解难等，让孩子能在生活实践中找到学习、效仿的良好榜样。

建立健康良好的亲子关系。首先，父母要适时给孩子关怀与保护，从生活中的点点滴滴开始对孩子表示关爱，从而增加孩子心灵上的安全感，并在出现问题后适时地引导他们学习简单的解决方法，而并非出现问题就只知道用攻击来解决。其次，父母应该给予孩子足够的信任和重视，孩子将会对父母产生很大的信心，愿意把家长当成榜样甚至知心朋友，乐于积极地向父母诉说自己内心的不满。另外，在孩子面临困难时，父母可以耐心教给孩子比较成熟的处理方案和办法，适时地予以恰当的指导，让孩子可以独自克服困难，缓解孩子的焦虑心态，进而降低攻击性行为出现的概率。

干预儿童的攻击性行为。几乎所有的孩子特别是男孩子，似乎都知道攻击能给自身赢得"好处"。在孩子的攻击性行为发生时，父母就应该给予适当的干预，使他们意识到攻击性行为是不能被接受的，会带来严重的后果。当孩子表现出攻击性行为时，家长应该及时给予批评教育，并且鲜明地表明自己的态度，使他/她认识到什么行为是错误的，怎么做才对。如果孩子有特别激烈的攻击行为，比如殴打他人，就应该给以相应的处罚，但要注意避免"以暴制暴"的教育方式。

鼓励合理的情感发泄。幼儿产生攻击性行为，有时候是幼儿的不良情绪导致的，所以应该让孩子进行适当的情感发泄。父母可以帮助幼儿倾诉自己的负面情绪，并教给孩子合理的宣泄方法，可以让孩子通过喊叫、哭泣、画画、游戏等方法宣泄心中的情感。例如父母与孩子共同阅读处理生气情绪的绘本，如《生气汤》《我变成一只喷火龙了》，帮助孩子学会用正确的方法解决自己内心的不良情绪，将心中生气、不满的情绪发泄出来。

合理利用大众传媒。大众传媒是一把双刃剑。幼儿因为尚未建立健全的是非判断标准，所以很难辨别影视作品中的一些消极内容，这时候就需要父母帮助幼儿对作品内容进行识别、过滤，取其精华，去其糟粕。另外父母也必须告诉幼儿哪些影视作品中的人物是优秀的学习榜样，这才能够有助于幼儿对作品内容进行准确辨别，减少影视作品中攻击性行为的消极影响，从而有效地避免幼儿模仿其中的攻击性行为。

心理小贴士

一些宝宝在成长过程中可能会出现打人的行为，这是正常的现象。但是如果不及时干预这种攻击性行为，会让宝宝形成不良的性格，也容易引发宝宝与他人的对立、矛盾，不利于建立和谐的人际关系。作为父母一定要及时制止宝宝的打人行为，寻找成因并采取有效措施，确保宝宝身心健康和谐发展。

31

宝宝总是被欺负，该怎么办？

天天是个很乖很听话的孩子，但总是被其他小朋友欺负。有一次妈妈带他去公园玩滑梯，由于天天在爬楼梯的时候有点慢，排在后面的孩子不太高兴。当天天刚坐到滑梯口准备滑下去的时候，那个孩子二话没说就在

背后推了他一把。事后，天天只是默默地走到妈妈身后，然后小声告诉妈妈："妈妈，他推我。"还有一次，妈妈让天天带着玩具去和小朋友玩。可是没过一会儿，天天手里的玩具就不见了。妈妈问他玩具怎么不见了，他一句话也不说，再问就哭着说被小朋友抢走了。妈妈要天天去把玩具拿回来，他拼命地摇着头，根本不敢去。

天天就是一个这样的孩子，总是被小朋友欺负，每次被欺负后他要不沉默，要不就是被吓得大哭大叫。妈妈很是苦恼，怎么天天总是被欺负？该教他回击吗？还是让他忍气吞声呢？

心理解读

天天这样总被欺负的宝宝，我们生活里也常常能见到。3—6岁是儿童社交能力发展的关键期，随着儿童的社交范围扩大，小朋友之间可能会发生很多的矛盾和冲突，如排队插队、争抢玩具、游戏要赢得胜利……冲突随时会爆发，欺负和被欺负的状况也时有出现。宝宝被欺负大致可以分为两种情况：第

一种是真的受到了欺负，如小朋友之间的推推搡搡、成人的错误对待，还有更严重的虐待或其他形式的伤害，这些都可以被归类为宝宝受到了欺负；第二种是小朋友感觉受到了欺负，比如其他小朋友没有理他/她、受到了父母的批评、被无意间碰撞，等等，因为有了不愉快的感觉，小朋友便认为自己受到了欺负。

如果宝宝总是被欺负，再加上父母不当的处理方式，会使得他们不仅身体可能被伤害，长大后也会养成胆小懦弱、自卑的性格。

什么样的宝宝容易被欺负？

缺乏基本的自我表达能力。经常被别人欺负的宝宝，常常在家长询问的时候无法表达清楚内心的感受，这是因为他们不能向别人正确传递情绪，也常常描述不清自己的真正经历和感受，他们在情感表达方面存在着障碍。

这样的宝宝，往往家长的情绪也并不稳定，很难做到有耐心。有的家长平时脾气暴躁、喜怒无常，总是会因宝宝的小错误而打骂孩子，让宝宝始终处于一个不知所措的心理环境中，心里很没有安全感，更不懂得怎么表达自己的情感了。

性格软弱。总被欺负的宝宝另一个特点就是性格软弱。有的孩子生性内向，很安静、懦弱，不懂得怎么和人交往、怎么解决冲突。另外，他们往往也会在一些方面落后于常人，导致没有自信。其中学习成绩、体育能力、才艺特长，甚至性格和外貌，都是会被欺负的原因。如果第一次受到欺负时孩子不能积极应对、不敢反抗，就增加了被再次欺负的可能性。

缺少朋友。有些宝宝的性格内向孤僻，这也会导致他们经常被欺负。他们不善于与别人交流，更不善于交朋友。所以他们不愿意和小朋友一起玩，常常独来独往不合群，这样的宝宝就容易被欺负。他们也往往缺乏安全感，不敢或不愿意对人倾诉，习惯隐藏自己的情感。

父母的教育方式不当。总是被欺负的宝宝的父母，在教育方式上都存在一些问题。比如有的父母是简单粗暴型的，主张让宝宝被欺负时"以牙还牙"，结果导致孩子转变为欺负别人的攻击者；有的父母是隐忍退让型的，教育宝宝"忍气吞声"，结果导致孩子缺乏自信，形成自卑、退缩或孤僻的性格，越发会被欺负。

宝宝总被欺负，父母该怎么办？

保持冷静，充分倾听，弄清宝宝受欺负的原因。 受到欺负时，有的宝宝会主动告诉父母发生的事情，也有些宝宝会闷不作声。父母应该耐心地与他们谈心，了解他们被欺负的经过，之后再帮助他们分析其中的原因。等弄明白事实真相后，再针对实际状况采取相应的保护措施。如果孩子处理人际关系的能力差，就教会孩子必备的人际交往技巧；如果孩子个性上较为胆小、内向，就想办法让他/她变得活泼开朗一些；如果孩子脾气暴躁、喜欢欺负其他小朋友，就要找出引起孩子不满、焦虑的原因，并设法减轻孩子的压力。

树立孩子的自信心。 自信是一个人的力量源泉，培养宝宝的自信力是从根本上帮助他/她走出受欺凌困境的办法。首先，家长要善于看到宝宝的长处，给予表扬。然后，为宝宝创造施展才能的条件。每个孩子都有自身的优点，有的在运动方面有专长，有的在艺术方面有优势，因此父母要善于发掘孩子的天赋与能力，要为孩子创造发挥优点、施展能力的机会，让孩子获得成就感，进而提高个人自信心。另外可以要求宝宝社交时要大方自然，比如站着时昂首挺胸，给人以奋发向上的精神状态；与人对视时，不害羞躲避，眼睛炯炯有神充满神采；说话时掷地有声，充满信心；当被强迫做不喜欢的事情时，坚定地说："不行！我不想做！"

教会孩子解决方法。 为了防止孩子被欺负，家长可以适当地让他们学习怎样解决难题，培养他们处理各类情况的能力。例如遇到在冲突时表现得比较暴躁的小朋友，可通过语言警告对方，对其喊："不许打人！"如果语言威慑力不够，也可以"走为上策"，让孩子不要再和这类小朋友玩。如果遇到喜欢打人、咬人的孩子，可以教育宝宝远离这类孩子，避免自己受到伤害。

增强宝宝的社交能力。 社会交往能力好的宝宝往往更容易受到同龄人的青睐，拥有稳定的朋友群体，一般不会成为被欺负的对象。所以，增强宝宝的社会交往能力也是防止宝宝被欺负的有效手段。父母应该协助孩子扩大自己的朋友圈，包括鼓励他们参与更多的团队游戏，使他们能够结交更多的朋友。协助孩子多观察小朋友之间的交往，甚至帮助孩子加入他们，与小朋友共同游戏。这样宝宝才能够慢慢在与他人的交往中懂得怎样和他人正常相处，遭遇欺负时就不会被动承受，能更积极地应对。这种"抱团取暖"的方式，还可以让孩子在受欺负时有帮手，在很大程度上避免被欺负。

寻求帮助。告诉宝宝受到欺负时，可以马上向父母、老师求助，让他们知道在遇到困难时有人可以依靠。如果情况严重，可以考虑寻求专业的心理咨询师或儿童心理医生的帮助。一旦欺凌行为涉及严重的身体伤害或其他违法行为，应及时报警处理。

心理小贴士

　　宝宝经常被欺负，父母既不能将其看得太过严重，也不能毫不在意。因为孩子之间的矛盾冲突，虽然看起来是小事情，但也会对被欺负的孩子的性格、社交行为等产生不良的影响。当宝宝受了欺负时，家长要正确地教育孩子，让他们学会处理同伴冲突，帮助孩子健康成长。

32

宝宝学会了撒谎骗人，
该打屁股吗？

案例导入

爸爸到幼儿园接月月回家，她非常开心，走路蹦蹦跳跳的。爸爸问她："今天在幼儿园过得开心吗？"结果月月一下子就难过了起来，说："不开心，惠惠这几天总欺负我。"爸爸非常吃惊，赶紧问："她不是你的好朋友吗？为什么要欺负你啊？""她说她不想和我做朋友，不要和我一起玩，生气的时候还会踢我。"爸爸看她说得像真的一样，以为真有这样的事，于是对她说："不要害怕，明天爸爸会去找老师，让老师教育她，叫她不要欺负人。"

第二天，爸爸找老师说了这件事情，结果老师告诉他，惠惠已经离开这个幼儿园，去自己妈妈的老家上学了，搞得爸爸非常尴尬。他想：月月是一个乖巧可爱的孩子，怎么就学会撒谎骗人了。

心理解读

生活中我们有时也会看到像案例中月月这样撒谎骗人的宝宝。幼儿说谎是指幼儿有意识或无意识地说假话，因此，幼儿说谎与成人说谎不同，通常可以分为无意撒谎与有意撒谎两种类型。

撒谎在幼儿时期是一个很普遍的现象。调查数据显示，2岁孩子中，有

20%会撒谎；到了3岁，撒谎概率达到50%；4岁时，九成的孩子都开始撒谎了。因此，说谎是幼儿在社会性进程中必然会出现的一个现象，它的发展同时也是幼儿社会化、自我调节和适应环境的过程。

宝宝为什么会撒谎骗人？

认知水平的限制。宝宝由于年纪小、缺乏常识，认识事物的能力有限，无法区别想象和现实，有时就会将幻想的东西当作真实的情况表达出来，这样的撒谎行为是无意撒谎行为。比如孩子说我家有非常大的游乐场，我曾在路上看到过大鲸鱼。

另外，宝宝的记忆能力还不够完善，他们能够识记的数量有限，同时记忆的准确性也不够。宝宝有意识的记忆刚开始萌芽，主要依靠无意识记忆，由此导致了对认识过的事物记得不够清楚而歪曲事实的行为，表现出来就是不说真话而是说谎。比如，宝宝说昨天去了动物园，其实可能是好几天前去的。

逃避责备或惩罚。这种观点源自心理学家罗素提出的"恐惧说"。有些父母会对宝宝提出各种要求，当宝宝没有达到时，就会被认为是犯错，父母会对其严加斥责，惩罚甚至殴打他们。但这个年龄的宝宝已经产生了自我保护的意识，每当犯下过错的时候，因为害怕父母的批评与惩罚，他们的心里就会产生压迫感，想要逃避这种紧张恐怖的情绪，由此在不知不觉中就开始了撒谎。说谎逐渐地成为他们逃避惩罚的一种方式。例如，当宝宝把家里的东西弄坏时，由于害怕挨骂，当家长询问时便会说是家里的小猫弄坏的。

虚荣心理的影响。宝宝说谎有时候是为了满足虚荣心，获得他人的重视或青睐，以便提高自己在同龄人心目中的"地位"。虚荣心是自尊的不合理表现，是一种爱慕外表的光彩、风光的虚浮心理。幼儿时期宝宝开始了与同龄人的交往，在与同伴的交往中，避免不了会互相进行比较和竞争。他们为了避免让自己在比较中处于劣势，常常会不顾一切地夸张事实甚至虚构现实。比如小明看到小海在玩遥控汽车，当小海不肯借给自己玩的时候，小明就不假思索地说："有什么了不起的，我爸爸给我买了很多遥控汽车，比你的更漂亮更好玩。"

成人的行为与教养方式不当。社会学习理论指出，孩子的不良行为源于成人的示范作用所造成的不良影响，父母错误的言行示范和不正确的教养方法都可能会造成宝宝撒谎。

幼儿模仿能力好、可塑性强，对大人的一举一动，都能很快地看在眼里、记在心里，大人的言行对其产生着潜移默化的作用。例如有人打电话给爸爸，要是爸爸不愿接，让妈妈说"他不在家"；由于宝宝不想去上幼儿园或者是为了让宝宝出去旅游，就对老师撒谎说宝宝生病了上不了幼儿园。另外还有很多父母都会出现说话不算数、给宝宝许下的承诺不能兑现的情况。这些事情看起来都是小事，但其实父母的言行一直都在影响着宝宝，宝宝学会说谎也是必然的了。

应对之道

宝宝撒谎骗人应该怎么办？

开展诚实守信的教育。 预防和纠正宝宝撒谎的关键在于对其进行诚实守信的教育。父母从宝宝小的时候就要对他们做好说真话、做真事、做真人的诚实教育，让宝宝知道小朋友们应该说老实话、做老实事，并以诚实的言行标准来要求自己。还有关于说谎行为可能带来的危害，如果宝宝还不是特别清楚，父母就可以采取讲道理的教育方式，使其知道说谎的危害性。比如利用小孩子最喜欢的动画片（如《匹诺曹》）、故事（如《狼来了》）、绘本（如《谎话怪兽》）等媒介来让宝宝明辨是非，知道说谎行为是错误的，诚实守信才是值得赞扬的。

营造民主良好的氛围。 家庭是孩子茁壮成长的第一个也是最重要的环境。不同的家庭环境会对孩子的心理发育和成长产生不同的影响。在一种民主温馨的家庭环境中，孩子不会因为害怕犯错误后被惩罚而出现说谎的情况。所以，父母要给孩子营造民主健康的成长氛围，营造一种可以让孩子如实表现真实情感的环境；要给孩子创造一种彼此信赖、真诚坦然的良好环境，多理解孩子，多关爱孩了，学会聆听孩子心中的声音，要尽量让孩子明白撒谎是不正确的做法。

父母要以身作则。 父母在要求孩子诚实的时候，也必须时时刻刻关注自己的言行，要严格要求自己，做到不说假话、诚实守信、言行一致，为孩子树立一个好榜样。认真履行与孩子或他人的约定，做错事要勇于接受批评并及时改正。要使孩子明白，只有真诚待人，才可以博得他人的信任，成为彼此真正的朋友。

适当进行干预矫正。 当发现宝宝说谎时，家长不能马上粗鲁地责骂或惩罚，那

第四篇　行为养成篇

会给他们的心理造成伤害。应该先确定宝宝是否真的说谎，并了解其说谎的原因。首先父母要明确他/她属于哪种撒谎形式。假如是无意撒谎，那父母也不用担心，随着孩子年纪的增加、认识能力的增强，这种撒谎情况自然而然就会改善。在此期间，当孩子通过说谎表达自己心中的意愿和观点时，父母要尽量地满足他们的心愿。当然如果孩子是故意撒谎，父母则要注意，既要合理引导孩子，改正宝宝平时的言行，也要注意从自身角度寻找原因。

心理小贴士

在日常生活中，宝宝经常会出现说谎这一行为。说谎常常被人们认为是一种恶劣的品质，不过对于学龄前儿童来说，说谎通常与道德品质无关，说谎的原因是各种各样的，带来的后果也大相径庭，不能一概而论，可以根据情况具体分析。父母要从根本上了解发生这一现象的原因，从而采取不同的教育方法来解决问题，真正做到"对症下药"。

33

宝宝很"小气"，这样正常吗？

　　珊珊是一个4岁的小女孩，长得活泼可爱，大家都很喜欢她。但是她也有一个缺点，就是非常"小气"。有一天，妈妈给她一个毛绒玩偶，邻居家小宝看到后，问她说："珊珊，可以把玩偶给我玩一会吗？"她很爽快地给了小宝，然后一直注意着小宝接下来会怎么做。过了一会儿，她见小宝仍没把玩偶还给她，就说："给我。"小宝说："你刚才不是已经答应给我玩一会儿吗？为什么这么快就要拿回去？"珊珊回答她道："这是我的，还给我！"这样的话说了好几遍，还要从小宝手里夺回玩偶。妈妈看到后生气地跟她说："珊珊，你不能总这么小气。"结果珊珊大哭大闹了起来，弄得妈妈十分尴尬。

心理解读

　　在现实生活中，像珊珊这样"小气"的孩子很常见。家长们经常能发现自己的宝宝有时候不够大方，例如不准其他孩子动自己的东西，不喜欢与其他小朋友分享自己的食物，或者不愿借玩具与学习用品给同伴等，这些行为也经常会让家长感到为难、不好意思。

宝宝"小气"其实是不会分享的一种表现，他们缺乏分享意识，缺少分享行为。分享是指把自己喜欢的东西、愉快的情感经历、获得的劳动成果等和别人共享的现象。分享是幼儿和别人一起分享一定资源的活动，是幼儿亲社会行为的一个体现。有研究发现，在分享方面做得较好的儿童，往往在解决社会性问题、帮助他人等方面也做得较好。分享行为不仅可以促进幼儿的社会性，而且有利于幼儿健全人格的发展，有利于幼儿品德的形成，对幼儿的成长意义重大。

宝宝为什么这么"小气"，不肯分享？

以自我为中心的心理特征。 3—6岁的宝宝普遍具有"自我中心性"，正处于"以自我为中心"的心理时期，从"小气"到"大方"需要有个"去自我中心"的成长过程。这个阶段宝宝的认知水平和道德情感水平还比较低，事事以自己的需要为主，较少考虑其他人。年龄越小的宝宝，越会以自己为中心，相应地，他们的分享行为也较少。

家庭教育不当。 如果父母能对宝宝的分享行为及时进行正向反馈，给予鼓励和感谢的话，他们在今后和他人接触时也会更容易产生分享行为。因为，当孩子产生了分享的行为，如果得到及时的回应和表扬，他/她就会获得心理上的满足感；但如果被人忽视和否定，或者缺乏积极反馈、缺乏回应，则会削弱孩子的积极性，使他们更倾向于减少分享行为，甚至有可能出现攻击性行为，从而更不容易再与他人分享。另外，家庭的教育方式对宝宝的分享行为也会产生很大的影响。对宝宝积极分享行为进行鼓励的民主式家庭所教育的宝宝，在生活中容易出现更多的分享行为。同时民主的家庭也不会出现过分呵护溺爱宝宝的行为，有利于宝宝"去自我中心"。

缺少分享观念和分享技能。 宝宝拥有正确的分享知识和观念是产生分享行为的基础。我国心理学家许政援教授认为，具备亲社会性知识的儿童，会产生明显的分享行为。随着宝宝年龄的增长，他们会逐步掌握更多的分享知识，知道分享的重要性，其分享的积极性也会有所增强。那些能站在别人角度看问题的孩子，并且相信分享是互相帮助的孩子，其分享行为出现的频率会远远超过其他孩子。

另外，缺乏分享技能也会导致宝宝变得"小气"。有的宝宝不知道怎样与他人分享，如"我只有一个新书包，他们都想背，都想玩，我不知道给谁背"。

 应对之道

如何让宝宝学会分享？

发挥榜样的作用。爱模仿是宝宝的共同特点，越是宝宝喜爱的人，对他/她的影响也就越大。因此，父母一定要注意以身作则、言行一致，为宝宝做出表率。在实际生活中，家长要多与人交流沟通，多与人分享自己的喜悦和忧伤，欣赏他人并给予赞许、表扬，使孩子在潜移默化中学会分享。

家长还可以有意识地引导宝宝同分享意识较强的小朋友一起玩游戏，引导宝宝做出分享行为。此外，文学作品中的人物也是宝宝模仿的榜样，可以经常给他们讲一些关爱他人、乐于分享的故事，激发他们学习的兴趣。

创造分享的机会。父母要注意经常给宝宝提供分享的机会，让他们的分享行为能够得到锻炼。在家里，父母可以有意识地让宝宝扮演家中的小主人的角色，经常让宝宝做些力所能及的事情。例如家里来了客人，就让宝宝帮忙去招待客人。要有意识地创造各种机会，让宝宝能够站在他人的角度，体会他人的心理、情感，理解他人的想法和需求。

建立良好的分享规则。很多宝宝不愿分享，是因为缺少分享规则的指导。父母可以给他们建立如下的分享规则：一是平等分享，让宝宝利用情感换位来感知他人的情绪，从而懂得站在别人的视角上来思考问题，并由此构建起平等分享的基本原则；二是共同分享，在同一时间内由两个或两个以上小朋友自愿联合，并利用语言和动作相互配合，协调融洽地共享玩具、食品或其他，从而让双方的情感都得到满足；三是轮流分享，这种分享指的是宝宝和其他的小朋友轮流享用物品，它能够让宝宝在资源不足的前提下进行共享，养成秩序意识；四是先宾后主的分享，这种分享对宝宝来说存在一些困难，可以指导孩子换位思考，并对他/她做出的先人后己的行为予以表扬，不断强化类似行为，这种分享可以培育宝宝包容忍耐的品德。

抓住时机，及时强化。父母要随时注意观察、了解孩子的行为，把握教育契机，对宝宝进行针对性强、及时有效的教育、激励。小孩子的心理特征之一就是喜欢被人表扬，所以，不管是物质分享还是情感分享，在孩子出现分享态度和分享行为时，家长都应抓住时机，对孩子进行激励性的榜样教育。对已经有分享行为的宝贝加以赞扬、鼓励，可以让宝宝心情愉悦，获得很大的满足感，他们就会愿意完善并保持自身的分享行为，慢慢地就会将分享内化成一种习惯。另外，有的时候让宝宝亲身经历一些分享时刻，对他们的分享意识的养成也是非常有益处的。

心理小贴士

　　分享行为是一个综合性的心理行为，也是孩子亲社会性的一个主要表现。形成分享意识和分享行为，对全面提高幼儿的整体素质，促进其身心健康发展有着非常重要的作用。因此，父母一定要正确对待宝宝的"小气"行为，重视培养他们的分享行为。

34

宝宝总爱"偷拿"别人的物品，该怎么办？

有一天，妈妈看到齐齐在玩一个洋娃娃，她觉得很奇怪，因为自己从来没有给齐齐买过这种玩具。妈妈就问齐齐："这个娃娃从哪里来的？是哪个小朋友给你的？"齐齐回答道："不是小朋友给我的，是幼儿园的。"妈妈说："那是老师给你的吗？"齐齐说："不是，是我自己拿的。"妈妈一听就着急了，说："你

怎么把幼儿园的玩具拿回来了？"她非常生气地对齐齐喊道："幼儿园的玩具不是我们家的东西，不能乱拿，知不知道啊！"齐齐被吓坏了，嘴里一直喊着："为什么不能拿？我就要拿。"她并不明白自己做错了什么，妈妈为什么要骂自己，最后委屈地大哭了起来。齐齐妈妈非常难过，为什么自己的孩子"偷拿"了别人的东西，还这么理直气壮觉得自己没错呢？

心理解读

很多家长都经历过类似的事件，并且也都有过相似的心理反应。偷拿，是指未经别人允许，将别人的物品占为己有的一种不当行为。幼儿"偷拿"属于幼儿期的常见问题。在教育心理学中，6岁之前的幼儿是没有"偷东西"这个概念的。因为，这个时期的孩子，正处于自我中心时期。幼儿的以自我为中

心，与成人不同，指的是幼儿通常只从自己的角度来理解事物，很难从他人的角度来看待事物是什么样的。受此限制，幼儿无法清楚辨别哪些物品是自己的，哪些是他人的，只要自己喜欢就觉得都是自己的。当幼儿把自己喜欢但不属于自己的物品占为己有时，他们心里根本就没有"偷窃"的概念。从这种理论来讲，幼儿"偷拿"他人物品的行为并不算真正意义上的偷窃行为。

尽管在学龄前幼儿中，"偷拿"的行为比较普遍，但也不能因此就放任自流。若不及时加以矫治与防范，对婴幼儿的心理健康与良好道德品质的养成都将产生消极影响。所以，应认真对待孩子的"偷窃行为"。

宝宝为什么会"偷拿"别人的物品？

自控能力差。总的来看，幼儿期的孩子自控能力都不是太好，年龄越小越是如此，比如明明知道大哭大闹不好，可是依然会大声哭喊，直到达到目的为止。明明知道未经别人允许拿走别人的东西是不对的，可是由于自控能力弱还是忍不住去"偷拿"东西。正是因为幼儿有自控能力比较差这一特点，才导致某些幼儿会出现"偷拿"的情况。

家教过于放纵，或过分严格。一些家长会把宝宝的要求看作是"圣旨"，不管怎样都会尽力满足，养成了宝宝任性、骄纵的性格。这些宝宝没有是非对错的观念，想要什么就直接去拿，慢慢地就会形成随手去拿别人的东西的不良习惯，长大以后有可能就发展成盗窃。有的家长对宝宝的要求较为苛刻，当宝宝希望得到别的孩子所拥有的东西时，家长只会严厉地指责他/她。这时的宝宝在难过失望的情况下，为满足自己的需求，就很容易出现"偷"别人的东西的行为。

心理需求没有得到满足。马斯洛的需求层次理论指出，人类需求分为生理、安全、社交、尊重、自我实现五个层次。幼儿也有自己的心理需求，主要是被人爱护和关注的心理需要。小朋友"偷拿"行为的出现，在一定程度上可能是因为他们的这些心理需要没有得到满足。比如，有小朋友带来一个新玩具，大家都围着看，当有个别的孩子也很想拥有玩具成为小伙伴们羡慕的对象时，就可能会采取"偷拿"的方式来满足自己。又或者有的小朋友缺少父母的关心和爱护，就可能会通过一些"偷拿"的举动，来吸引父母更多的关注。

成人或同伴的不良影响。幼儿的"偷拿"行为也可能是对身边人的行为的

每天学点心理学：婴幼儿心理健康知识手册

模仿。如果宝宝看到父母、教师或者其他小朋友有随意取用别人东西的行为，而且这种行为没有得到制止和惩罚，他们就会认为这样的行为是对的，会跟着模仿、学习起来；当宝宝出现"偷拿"的行为以后，如果父母非但不加以批评，反倒对这种行为进行表扬，他们就会更多地做出这种"偷拿"的行为了。

应对之道

宝宝总"偷拿"别人的物品，应该怎么办？

寻找"偷拿"行为背后的原因。当父母看到宝宝有"偷拿"的行为时，首先应该做的是听听宝宝是怎么说的，问问他们做出"偷拿"行为的原因和动机是什么。并且还要反思自身在教育孩子方面出现的问题和不足，并针对具体的原因选择适当的措施。父母在了解孩子"偷拿"的原因时，态度要严肃、认真但语气要温和，切忌以责备的方式来发问。因为责备的态度只会吓坏孩子，甚至可能导致孩子以说谎的形式来回应大人的诘问。

培养孩子的所有权概念。父母要郑重地给宝宝讲清楚，偷拿就是没有经过他人同意拿走他人的物品，这是非常不好的行为。同时要向他们说明所有权这个概念，帮助他们辨别物品的归属。父母还可采用"换位思考"的方法让宝宝理解这个概念，比如可以与宝宝讨论"假如别人没有经过你的同意，就把你的东西拿走了，你自己会是怎样的感受"等问题。

如何合理地处理宝宝"偷拿"行为？

强化法。对于有过"偷拿"行为的宝宝，一旦发现他们在规定的时间内没有"偷拿"行为时，父母应立即给予他们精神上和物质上的奖励，从而使他们继续保持不"偷拿"的行为。一旦他们又发生了"偷拿"的行为，则应予以精神层面的惩戒、物质和行动层面的限制，主要目的是防止"偷拿"行为的发生。

榜样示范法。父母就是宝宝的榜样，良好的言行举止可以带来潜移默化的效果，纠正宝宝的"偷拿"行为，更离不开父母的榜样示范。同时，为做好榜样示范，父母还应该把其他小朋友（包括同事、邻居等）的拾金不昧、抵制物质诱惑等事例作为学习材料，对有"偷拿"行为的宝宝进行引导。

心理小贴士

　　"偷拿"行为在幼儿早期其实是一个常见的现象，如果父母不能及时阻止并改正，宝宝就无法及时形成道德观念，长此以往就可能慢慢变成盗窃习惯。因此，一旦发现宝宝有"偷拿"的行为，父母应及时从多角度加以引导，从多方面加以教育，从根本上纠正宝宝的"偷拿"行为。

35
宝宝总是磨磨蹭蹭，该催吗？

浩浩5岁了，性格活泼，大家都喜欢他。但是他也有缺点，就是做事磨磨蹭蹭、爱拖拉。早上妈妈喊他："浩浩，起床啦，上幼儿园啦。"他带着哭腔说："再睡一会，好困。"当妈妈做好早饭再回去找他，结果发现他还在蒙头大睡，甚至发出了呼噜声。

到了吃饭的时候，妈妈喊："浩浩，快来吃饭。"他心不在焉地说："等会儿，等会儿。"被催了好几遍后，他总算是坐到餐桌上了，但吃饭的时候左看看，右看看，玩着餐具，一口饭含在嘴里半天，总不咽下去。最后这顿饭吃了快1个小时。

不管妈妈怎么催促，浩浩做什么事都比别人慢半拍。妈妈非常生气，可是又拿他没有办法。

心理解读

磨蹭，就是拖拉，也就是做事情总是不麻利，动作相对迟缓，并且节奏也比较慢。这是一个常见的幼儿行为习惯问题。幼儿磨蹭的主要特点有：做事比其他同龄人慢，干活的时候拖拖拉拉，个性比较懒惰，没有时间概念，讲话、做作业、思考问题、整理物品、行走速度等都很慢，日常生活中自理能力较弱、学习效率低。

磨蹭拖拉会给幼儿带来很多不良的影响：第一，使宝宝养成不好的拖延习惯，独立性差，缺乏责任感；第二，因为磨蹭的结果都不太好，使宝宝陷入焦虑，导致自信心下降；第三，宝宝做事情磨蹭拖拉，会影响他和其他同伴的合作，使得人际关系不和谐。

宝宝为什么总是爱磨蹭？

缺乏"时间知觉"。宝宝磨蹭的一种原因可能是对时间的概念缺乏具体的了解。对时间的了解和感觉，被称为"时间知觉"。时间是看不见也摸不着的，不像空间知觉，可以以具体的物品和事物作为参照物，所以幼儿"时间知觉"的发展要远远晚于空间知觉的发展。儿童心理学研究表明，幼儿一般到了3岁，才会对时间形成模糊的认知，7岁左右才能慢慢建立起时间的观念。这一时期，他们虽然可以分清时间，但对于5分钟、10分钟之类的短时间还不能精确预估。在他们心里，你说的5分钟和他们玩的25分钟并没有什么不同。

动作不熟练。有些宝宝磨蹭不是故意的，可能是他们对要做的事情不熟悉，不懂相应的操作技能。宝宝的思维能力和肢体协作能力还处于发展状态。比如，他们在做事情前可能还不懂得怎样确定事情的先后次序，以及如何以较短的时间来完成较多的工作；还可能因为没掌握好穿衣、洗澡等基本技能，很容易变得"手笨"；有时候也会在做作业时因为对基础知识掌握得不牢固，一道题要花很长的时间才能完成。这种情况下，不管父母怎么催，宝宝都是快不起来的。

缺乏自信。有的宝宝在做事情时没有自信，总担心自己做不好，担心自己做错，于是瞻前顾后、畏畏缩缩的，完成的速度就会变慢，但越是焦虑、越是恐惧，他/她的行动就变得越加迟缓。倘若父母这时候再在一旁不断地训斥、督促，他/她的动作非但快不起来，反倒会变得更慢。

缺乏兴趣。兴趣是最好的老师，一个人在做自己感兴趣的事情时，会有发自内心的愉悦和激情，做事情的效率自然也会大大提高。所以在做喜欢的事情时，速度就会快一点，而做不喜欢的事情时就会慢吞吞的了，这也是很多宝宝的通病。比如，当宝宝想去外面玩，父母却要求他/她把地上的玩具收拾干净，他/她的心里虽然很不情愿但却又不得不做，自然就会做得磨磨蹭蹭的；当要吃饭时，宝宝已经喝了很多饮料，吃了很多点心，一点也不觉得饿，肯定会对饭菜不感兴趣，当然就又磨蹭了起来。

很多家长在催促宝宝的时候，容易忽略宝宝的喜恶，宝宝一旦面对自己不喜欢的事情，就会想要逃避，自然就产生磨蹭的行为了。

成人的包办行为。 父母对宝宝的包办行为，也会造成他们的磨蹭：嫌宝宝吃饭太慢了，就把碗拿过来喂；嫌宝宝洗脸太慢，就把毛巾拿过来帮他洗；嫌宝宝整理书包的时间太长，就天天帮着整理。时间一长，父母越来越累，宝宝也错失了提升自己能力的机会，变得更加拖拉、懒惰、独立自主性差，渐渐形成了恶性循环。包办型的父母，往往很容易培养出拖拉、懒散而没有自主性、缺乏责任感的孩子。

应对之道

面对宝宝的磨蹭，父母应该怎么做？

帮助宝宝树立正确的时间观念。 为了避免宝宝磨蹭，帮助宝宝树立一个正确的时间观念是很重要的。家长可以通过古今名人珍惜时间的例子，帮助宝宝建立对时间价值的认知；通过计时器或者闹钟协助他们慢慢建立对具体时间的概念。比如父母可以在宝宝开始活动前，和他们约定好活动的时长，并设置好闹钟，告诉宝宝，当闹钟发出声响，就必须停止手头的事情，以培养小朋友对时长的感知力。

另外，还要培养宝宝的时间评估能力，例如做事情时，可先让宝宝预估一下完成这件事情需要多少时间，再开始计时，看看实际完成的时间与预估的时间相差多少、原因是什么。坚持训练几次，宝宝对时间的认知水平就会提高，拖拉情况也会有所改善。

用兴趣激发宝宝的做事热情。 父母可以选择宝宝平时最感兴趣的童话故事、游戏、动漫等，来激发他们做事的主动性，这有助于他们迅速地采取行动。假如宝宝爱听童话，父母就要对他/她说："你快点把玩具收拾好，我们就可以将昨天的童话故事讲完了。"采取这种方法，要注意信守承诺，答应宝宝的事情一定要完成，不然，非但达不成目的，反而会给宝宝良好人格的养成带来消极的影响。

对宝宝适时予以表扬和鼓励。 表扬和鼓励比批评与责备更能有效地调动宝宝的积极性，宝宝得到的赞扬越多，对自己的期望值也会变高。大部分的宝宝都比较注重来自成人的认同，所以，要想让宝宝不再磨蹭，父母要多用积极正面的评价，少用消极负面的评价。例如，当父母说"你快点好吗，慢死了""你这孩子是蜗牛吗，怎么这么慢呢"等消极、否定的语言时，会使宝宝陷入惶惑不安的情绪。宝宝一旦陷入紧张焦虑的情绪，不仅行动变得缓慢，也更容易发生错误。

此外，为了让宝宝更有积极性，当他/她做事的速度比以前变快了，或者达到了父母的要求，应该给予一定的奖励，比如给宝宝一朵小红花、带宝宝出去旅行、为宝宝买一个他/她想要的宠物等。

让孩子适当承担磨蹭后果。父母可以让宝宝自行承担拖拉所带来的后果，为自己的拖拉负责，而不是转移或者承担孩子本应体验的感受。只有在他们亲自体验磨蹭给他们所带来的危害之后，才能够改善磨蹭的情况。所以，让他们为自己的磨蹭付出代价，并让他们自己品尝到磨蹭的真实后果，也不失为一个帮他们改掉磨蹭毛病的好方法。例如，宝宝喜欢赖床时，父母就不要紧张了，也不要再去帮他/她，可以提醒一下"再不快点会迟到的"。如果他/她仍在床上磨磨蹭蹭，可以试着真的让他/她迟到一次。当他/她真的迟到，受到了老师的批评，尝到了拖拉的苦果之后，下次就肯定不会再拖拉了。

给予孩子自我管理的机会。心理学家指出，如果孩子没有机会学习如何进行自我管理，就没可能掌握那些类似时间管理、自我控制之类的基本生存技巧。因此，家长要改掉包办的坏习惯，给予宝宝自己动手、自我管理的机会。父母要更多地相信宝宝，让他们有机会和时间去做事。比如怎样才可以将毛巾拧得更干，怎样才可以把玩具收拾整理得更整齐……这些都是给宝宝学习利用自己的力量解决问题的好机会。

只有当宝宝有了独自完成事情的能力，他们才能够感受到自己是有力量、有价值的人，也就不会总是磨磨蹭蹭，甚至寻求父母的帮助了。让宝宝们拥有自己的归属感与驱动力，才能从根本上克服行动拖拉的问题。

心理小贴士

我国教育家陈鹤琴先生曾说："习惯养得好，终身受其福；习惯养得不好，则终身受其累。"宝宝爱磨蹭是常见的现象，父母不能太过心急，而对宝宝加以责备训斥，越是这样，效果越差。可以先找到儿童磨蹭的原因，及时进行引导，防止对宝宝将来的生活、学习和性格的发展等产生不良影响。

36

5岁的宝宝总是尿床，这是怎么了？

康康是个5岁的男孩子，性格活泼，聪明伶俐。有一天晚上，他不小心尿在了床上。妈妈生气地说："你3岁就不会尿床了，现在长到5岁了，怎么又开始尿床，你是傻瓜吗？"妈妈的话让他觉

得非常羞愧，下定决心不再尿到床上。但是没有想到第二天晚上他又忍不住尿床了。这次妈妈更生气，大吼道："你是怎么搞的，昨天尿了床，今天怎么又尿了，是不是成心的啊！"他低着头难过得说不出话来。到了第三天晚上，他特别害怕自己会继续尿床，可那天晚上还是尿了。他的妈妈更加生气，第四天晚上甚至罚他不能吃不能喝，空着肚子睡觉。这天晚上，他终于没尿床。可之后，不管妈妈怎么训斥和责备康康，他还是隔三差五地尿床。

心理解读

宝宝尿床是大家通俗的称呼，专业术语叫作遗尿。一般来说，1岁至1岁半的婴儿，就已开始能在夜间控制自己的小便，尿床现象比之前减少很多。有些幼儿到了2岁或者2岁半，仍然只能在白天控制大小便，晚上还是会出现尿床的情况，一般幼儿3岁以后夜间就会逐渐减少遗尿的频次。如果宝宝已经5岁，仍然不能控制排尿，可能是因为功能性遗尿症。儿童功能性遗尿症又称非

器质性遗尿，通常指5岁以上的幼儿不能自主控制排尿而尿湿自己的衣物及床铺的行为，而这并不是由器质性病变引起的。《儿童遗尿症诊断和治疗中国专家共识》指南中，国际卫生组织提出的小儿遗尿的标准是年龄≥5周岁儿童，每一月中至少发生过一次夜间睡觉时的不自觉遗尿现象，且维持时间在3个月以上。遗尿症的发病率一直居高不下，据统计，在亚洲地区，幼儿的患病率大约为6.9%—10.2%。部分患儿的症状会持续到成年，因此要注意及时治疗。

宝宝总是尿床的原因是什么呢？

遗传和疾病的影响。遗尿症受遗传因素影响，如果父母有遗尿症病史，那么孩子的发病率就会比较高。刘亚兰等医疗工作者就曾对1500例遗尿症患儿进行研究，结果发现29%的患儿有明确的家族遗传史。[1]除了遗传，疾病也是造成幼儿遗尿的原因。比如大脑中枢神经发育滞后或不健全，以及尿路感染、尿道口局部发炎、肾病变、隐性脊柱裂、脊髓损伤、膀胱体积太小等均会导致遗尿症，但是因患病而引起遗尿的情况相对较少。所以如果宝宝尿床，家长需要做的第一件事情便是判断是不是由遗传或者疾病原因导致的。

心理因素。亲人突然去世，父母感情破裂，母子长期分离，或在黑夜受到惊吓等，这些突发的因素都可能给宝宝带来心理负担，出现遗尿的情况。另外，有些宝宝没有养成控制小便的良好习惯，一旦出现尿床的情况，面临的就是父母的批评、指责。他们的情绪会一直处于紧张焦虑的状态，每天晚上睡觉前都会小心翼翼，生怕又尿床，但结果并不如意，遗尿问题也经久不愈。心理问题不但会造成有良好控尿能力的幼儿发生再次遗尿，还会使个别的幼儿在发生遗尿后，逐渐地变成习惯性遗尿，这种习惯即使在长大后仍不能改正。

睡眠过深。还有一些宝宝尿床是由于睡眠过深引起的，他们在夜间的睡眠很深，不易唤醒。原因可能是在入睡之前玩耍的时候太过劳累，或者睡觉后睡得比较深，有时甚至连父母都叫不醒，导致宝宝在夜间意识不清醒就在床上排尿。如果在入睡之前喝水比较多的话，就更容易出现遗尿的情况了。

排尿训练不当。部分宝宝会发生尿床的情况，可能是因为婴儿期的时候使

---

① 刘亚兰、文飞球、周克英、孙枫：《儿童遗尿症1500例问卷及检查分析》，《中国实用儿科杂志》2008年第6期。

用尿布时间太久，缺少了控制排尿的训练。也有些父母没有掌握训练婴儿排尿的正确方法，时不时强迫宝宝拉尿，不考虑间隔的时间长短。如果宝宝没有排尿，只是在便盆旁边玩闹的话，很难形成条件反射，反而造成排尿的障碍。此外，有部分父母会在宝宝睡觉中途强行将其叫醒，不管他们有没有尿意，如何反对哭闹，都必须排尿才可以离开马桶，宝宝可能会因此对排尿产生害怕恐惧的心理，不利于他们形成规律排尿的良好习惯。

 ## 应对之道

宝宝总是尿床该怎么办呢？

针对病因采取措施。针对宝宝的遗尿症，首先要了解其原因，对症下药。如果是由疾病造成的尿床，就应该去医院检查身体，有针对性地进行治疗。如果是由心理因素造成的，应找出宝宝存在的心理压力和心理诱因。对能够克服的精神层面的影响，要及时加以解决；对已经产生的或现实中客观存在、主观上不能克服的心理问题和困难，应着重耐心地加以教育、引导，避免产生紧张、焦虑等消极情绪。

建立合理的生活制度。对尿床的宝宝，家长要提供清淡的饮食，晚餐要少吃流质、凉、辣的食物，尤其要注意睡前不要吃含水量较丰富、有利尿作用的水果，如西瓜、柑橘、李子等，睡前也不宜喝牛奶。起居生活也要有规律，白天避免过度劳累和精神紧张，尽量睡个午觉，防止宝宝因过于疲劳而在夜里睡得太沉，有尿时不容易醒，也不容易被大人叫醒。宝宝睡眠要有规律，睡前为防止宝宝心情过度激动，不要看恐怖的视频或玩紧张的游戏，也不要进行剧烈活动，以防止大脑过度兴奋，引发夜里的尿床行为。另外要帮助宝宝养成在睡前把尿排干净的良好习惯，保持排泄器官外部的清洁，学会清理床铺、保持卫生。

及时强化好的行为。父母可以和宝宝一起做好每天的记录，没有尿床时可以奖励一朵小星星，或是奖励宝宝喜欢的物品。如果出现遗尿则画一个圆圈，记下尿床发生的时间，和他/她一起分析尿床的原因，如白天过于激动、睡前喝水太多等，不要指责与羞辱宝宝，应多给予其安抚和引导，减少宝宝由于遗尿产生的内疚心理。

心理小贴士

　　遗尿症不仅严重危害儿童的心理健康，也拉低了家庭成员的生活质量。所以为了宝宝的健康成长着想，家长们一定要及时找出宝宝尿床的病因，然后根据病因对他们进行针对性调理或治疗。对5岁前的孩子，家长可让其夜里适当使用纸尿裤，有意识地对其夜间提前叫醒、限制睡前饮水、调整行为习惯等，训练其夜间自主排尿；对5岁及以上的孩子，如果符合遗尿症的诊断标准，应及时就医。

37

宝宝总爱咬手指，发生什么了？

案例导入

琪琪是一名5岁的小姑娘，聪明活泼又可爱，学校老师、小朋友们都喜欢她。但她却有一个让人喜欢不起来的毛病——喜欢咬手指，琪琪经常在睡午觉、做游戏、上课的时候，把自己的手指头放进嘴里去咬。其他的同学发现了，就会告诉老师："老师，琪琪又在咬手指头了。"当老师提醒她不要咬手指头时，她会把手指从嘴里拿出来，但过了一会，她又偷偷咬起来了。妈妈说琪琪在家里也总是咬手指头，提醒、责骂都没用。因为喜欢咬手指，琪琪的手指头都被咬裂开了，甚至有时候十个手指头没有一个是好的。这到底是怎么回事呢？

心理解读

咬手指是儿童期常见的现象之一，是指儿童不断出现的无意识或有意识地啃咬手指的行为。婴儿刚出生时，有很长一段时间都需要借助嘴才能感觉并理解周围事物。因为这一年龄阶段的婴儿，大脑发育不够完善，不具备思考的能力，只有借助距离自身最近的"外界事物"（手指），才能与外部环境对话。婴儿出生6个月左右，开始经常吮吸手指，心理学家认为这是出牙时期牙龈痒所养成的习惯，也有人认为是与要求获得自我满足的心理有关。所以短时间内的吸手指、啃手指是正常的现象，会随着年龄的增长而自动减少，不需过于担心。但如果这种行为一直持续下来，时间较久，对孩子平时的生活、学习和身体健康产生了影响，那就成了一种行为问题。

所以，如果孩子在2岁之前出现了吮咬手指的行为，是一种正常的行为，但如果孩子到了六七岁甚至是十一二岁还存在这种情况的话，那么家长就必须高度重视了。

宝宝为什么总爱咬手指？

口唇期没有得到满足或过度满足。心理学家弗洛伊德认为人的发展有5个阶段，分别是口唇期、肛门期、性器期、潜伏期和生殖期。0—1岁的婴儿正好处于口唇期，这是他们性格发展的一个重要时期。他们一般通过吮吸母乳或其他的吮吸动作来获得满足，但如果这个阶段没有获得满足或过度满足，在长大后就会出现咬手指头或咬指甲的动作。

父母的喂养方式不当。有一些父母很早就给宝宝断奶或因各种原因没有给宝宝喂过奶，当他们哭闹的时候，父母会给孩子嘴里塞一个奶嘴，有一些家长甚至在游戏、休息、睡觉的时候都让孩子含着一个奶嘴。当这些宝宝长大后，吮吸手指、啃咬手指就成了吮吸奶嘴习惯的替代。

安全感的缺失。美国心理学家哈洛用猴子做过一个实验。把一只刚出生没多久的小猴子和它的妈妈分开，然后给它两个假猴妈妈，一个是钢丝做的，一个是绒布做的。但是这只被迫与自己妈妈分开的小猴子并没有对假猴妈妈产生依恋的情感。在实验的第二年，它开始自残，不但咬伤自己的手指，还将自己毛茸茸的胳膊咬得坑坑洼洼，而且有时还喜欢莫名其妙地摆动身体。动物是这样，人也如此。所以一些从小缺乏母爱的宝宝，会因为缺乏安全感而形成以咬手指的行为来安慰或娱乐自己的习惯也就不奇怪了。

心理压力过大。当宝宝碰到一些负面的事情，例如进入陌生环境、被同伴打骂、遭到教师的冷暴力、受到其他孩子的排挤、被变态猥亵或侵犯等，在心理受挫的情况下，会由于心理压力过大而出现焦虑、不安感。这些都容易导致宝宝会通过咬手指的行为来转移释放这些心理压力。生活中我们也不难发现，有一些成年人也喜欢通过咬手指的方法来转移自己对消极情绪的关注，这样也能够达到减轻焦虑、释放压力的效果。

宝宝总咬手指应该怎么办？

搞清原因，对症下药。对宝宝的咬手指行为，应先找到根源，再对症下药。如果原因是喂养方式不当，应训练幼儿养成规律的进食习惯，做到定餐定量、饥饱有度；如果原因是宝宝太孤独、无聊，则应给宝宝多准备一些有趣的玩具和游戏，创造机会让他们与大人或其他小朋友一起玩，以此培养他们对人际交往、游戏等的兴趣，从而转移注意力；如果原因是被忽视，缺乏安全感，则父母应与他们建立亲密、融洽的关系，多照顾、关心他们。

正确教育，缓解心理压力。咬指甲和咬手指，在幼儿时期是很常见的行为。父母在面对宝宝的这种习惯时，如果采取强制阻止的方式，甚至做出取笑、讽刺、威胁打骂自己宝宝的行为，这些做法都是有害无益的，因为这样只会让宝宝的情绪变得更加紧张焦虑，甚至出现自卑、孤独、内疚等消极心理。父母可以让宝宝参加适合他们的发展水平的活动，不要让他们在参加活动的过程中产生过多的挫折感。另外父母对宝宝提出的要求也要恰当，不能给他们太大的精神压力。

组织活动，提高认识水平。父母可以态度和蔼地用通俗易懂的语言告诉宝宝咬手指的坏处。比如和宝宝一起学习"手上细菌知多少"的科普读物等，同时让宝宝明白咬手指是不卫生的。有条件的家长可以让宝宝在显微镜下观察手上细菌的数量，通过这些活动来帮助宝宝克制咬手指的冲动；还可以与宝宝一起阅读绘本，如《我不再咬指甲》等，并和宝宝进行互动与讨论。

强化正确行为，适度忽视问题行为。当发现宝宝咬手指的行为有明显的改善和进步时，可以及时强化这种正确行为。如父母可以抱抱宝宝、拍拍宝宝、夸夸宝宝等，让他/她知道这种行为才是值得肯定的。当宝宝又开始咬手指时，父母可以暂时不予关注，不要刻意指出这种行为是不对的，可以轻轻走到他/她的身边，装作若无其事地将手指从他/她口中拿出来。当宝宝再次沉浸到游戏或活动中时，马上给予表扬。这样不仅可以保护宝宝的自尊心，还能让他/她知道哪些行为才是正确的，是会被大人赞扬的。

心理小贴士

　　宝宝喜欢咬手指是一种比较常见的现象，是他们成长过程中必须经历的一个阶段，家长在纠正时要有耐心，避免过度焦虑或采取不当方式，如在宝宝的手指上涂抹刺激物等，随着宝宝的成长，咬手指的行为会逐渐减少。但如果宝宝3岁后还保持着咬手指的习惯，家长就要重视了。长期咬手指不仅会损害宝宝的身体健康，也会带来很多的心理问题。所以家长一旦发现这种情况，一定要及时干预纠正，必要时就医检查。

38
宝宝十分"淘气"，该如何引导？

案例导入

点点是一个5岁的男孩子，他非常淘气。在幼儿园里做游戏时，他不是躺在地上捣乱，就是把女孩的东西弄坏，或者扔石子等，经常被老师批评。在家里，他也很淘气，他会悄悄地把被套上面的拉链给打开，拿出被子里的棉花来玩；他还会一股脑地把妈妈刚刚收拾好的玩具全部倒在地上；有时还会故意把碗里的米饭弄得地上到处都是；甚至有时还偷偷用打火机、插座和暖水瓶等物品。在外面时，他会把啤酒瓶摔到墙上，或者弄坏篱笆，或者砸别人的汽车，邻居也经常来告状。妈妈爸爸很生气，每次都严肃地批评他，可他却没有丝毫的悔改之意。

心理解读

如果家里有一个像点点这样淘气的宝宝，会让父母非常头疼、生气。淘气一般指顽皮、不听话，它的反义词是听话、老实。现在很多人评判一个孩子的好坏往往是以听不听话、淘不淘气为标准的，所以在生活中，我们常常会听到这样的话："某某小朋友很淘气，某某小朋友很坏。""某某是个好孩子，她很听话。"虽然宝宝淘气是一件令父母头疼的事情，但淘气不淘气并不是评价孩子品性好坏的唯一标准。

淘气是孩子的本性，也是每一个幼儿生理发展、心理成长到一定阶段所产生的必然表现。面对淘气的小朋友，父母要是用简单、粗暴的方法处理，非但无法真正地解决问题，还可能使孩子的心灵遭受巨大的伤害。格鲁吉亚教育家阿莫纳什维利说："没有儿童的顽皮，没有顽皮的儿童，就不能建立真正的教育学。"调皮其实是儿童智慧的表现，是儿童可贵的品质。如果一个儿童一点也不淘气，就意味着他/她内在的智慧和创造潜能在沉睡，没有得到发展。所以淘气其实是孩子的天性，父母不能一味地阻止，而是应该采取措施去引导、教育他们。

宝宝为什么会淘气？

好奇心理的影响。这也是宝宝淘气最常见的原因。幼儿的心理特点就是活泼好动、好奇心强。他们认识的事物不多，只要是没见过的东西，对他们来说，都非常有吸引力，充满着神奇的魅力。很多成年人眼中司空见惯的东西，在宝宝眼里却每样都蕴藏着吸引力，他们往往都特别想要弄清楚。而在好奇心的驱使下，当宝宝想要了解更多的东西时，就希望自己也能去玩去试。通常大人越不让看、越不让做的事情，宝宝却偏要看、要做，这也是父母觉得宝宝"淘气"的原因。

引起成人的注意。幼儿对成人有一种依赖心理，在心理上希望得到更多的关注，他们在成人的关注中获得自我认同，得到满足。所以有些宝宝为了得到关注，会选择努力表现，取得好成绩，从而得到父母的夸奖。但还有一些宝宝，因为各种原因经常被父母忽略，他们的心理需求得不到满足，就只有通过调皮来获得父母的关注了。如果宝宝偶尔一次的调皮破坏让父母及时出现并关注自己，那么宝宝便会将这类状况记牢，在之后多次重复使用。

精力过剩。精力过剩的孩子表现也存在个体差异，但大多是聪明好动、反应灵敏、自信、感情丰富。这些孩子一般会比同龄孩子显得更加淘气，他们精力旺盛，喜欢玩闹，但如果父母提供的环境和机会不够多，满足不了他们的需要，他们多余的精力没法发泄，就容易发生淘气的情况。过度淘气常常会影响他人，使宝宝"人见人嫌"。因此，对精力过剩的宝宝也不能任其自然发展。

发泄不满情绪。宝宝因为年纪比较小，大脑没有完全发育成熟，对情绪的控制能力比较弱。一旦他们在生活学习中产生了不良的情绪体验，不知道该如何表达时，淘气行为就可能成为他们情绪的宣泄口。

心理学上有一个"踢猫效应"，指的是当一个人出现负面情绪的时候，他/她会选择将情绪发泄到弱者的身上，而这种负面情绪会形成一个恶性的循环。有不少宝宝在负面情绪控制下，也容易产生"踢猫效应"。长此以往，宝宝就容易变得难以控制自己的情绪。

应对之道

宝宝淘气怎么办？

　　满足求知欲。淘气顽皮都是宝宝好奇心的体现，是求知欲和创造力发展的源泉。宝宝对不了解的事物产生兴趣，是一件好事，这其实也是一种探索、一种学习。这时父母如果一味地责备或打压，宝宝的求知欲望就会被压制，正在成长的创造性也会受到扼杀。父母应该重视宝宝的这种求知欲，抓住时机加以引导，一方面，向宝宝介绍令他/她好奇的事物的一些知识，满足他/她的好奇心和求知欲；另一方面，鼓励宝宝的"淘气"，但要耐心讲清楚，教育他/她不影响他人或损坏东西。这样既能满足宝宝的好奇心，又能使他/她获得新知识，形成好习惯。

　　多关注关心。对于想引起成人注意的宝宝，父母要尽量放下正在做的事情去关心宝宝，倾听他/她的要求，对他/她进行合理的教育，让宝宝理解父母是关心自己的，使其达到心理上的平衡，保持正确的行为。更为重要的是，对这一类宝宝，父母平时要多注意观察其行动，尽量做到防患于未然，力求事先打"预防针"，让他/她及时感受到父母的关注，避免引发其"淘气"行为。

　　疏导过剩精力。面对精力旺盛的宝宝，父母应给他/她提供一定的环境和机会，让他/她能够经常地动手动脑，培养并使他/她形成良好的道德品质和意志力，使他/她过剩的精力有用武之地。例如踢足球、打篮球等体育活动，或者搭积木、拼七巧板等智力游戏，其实都是不错的选择。另外父母也要重视引导宝宝的游戏活动。例如，在游戏中，不要只给宝宝玩具，要教给他/她玩法，和宝宝一起从玩具和游戏中获得乐趣。父母还可"童化"自己，扮演小朋友的角色与宝宝一起玩游戏。也可以帮宝宝出主意、想办法，指导宝宝把淘气捣蛋的活动转变为有价值的探索、创造活动。

　　引导宣泄情绪。宝宝因为负面情绪而淘气是很正常的一件事情。面对宝宝的淘气行为，父母不要粗暴压制也不要妥协，而是要学会接纳他们的情绪，并引导他们正确地宣泄自己的情绪。比如父母可以鼓励宝宝用语言来表达自己的情绪，同时父母要耐心地倾听孩子的心声，当孩子觉得被理解时，孩子的情绪也会渐渐平复，淘气行为就会减少。还可以使用"自然后果法"，让孩子承担自己的行为带来的后果，让他/她牢记教训，下决心改正错误。

心理小贴士

　　作家冰心曾说过，淘气的男孩是好的，淘气的女孩是巧的。淘气中蕴含着求知欲和创造力，一旦放任其自生自灭，不加以适当的引导，则会使淘气变成不良的习惯。所以若想使宝宝在淘气中将自发的行动变成自觉行为，并健康快乐发展，父母就一定要对宝宝的淘气行为加以正确引导。

第五篇
性格培育
与性启蒙篇

　　良好的性格在一个人的成长成才过程中，就好比是水泥柱子中的钢筋，如果没有钢筋的支撑，再多的混凝土也建不起高楼大厦。因此，良好的性格是成就人生的重要条件之一。培养一个人良好性格的最佳时期是婴幼儿时期，因为这个时期是人一生中生理、心理快速发展的重要阶段，根据婴幼儿好奇、好问、好动、好模仿的年龄特点和心理特征，家长和老师要将性格培育贯穿在日常生活能力的培养之中，有意识地培养婴幼儿的优良品质，让他们学会自尊、自爱、自律、自信，为婴幼儿未来的成长成才打下坚实的基础。

　　在宝宝成年之前，性教育一直是朦朦胧胧、"犹抱琵琶半遮面"。婴幼儿的好奇、家长的错误观念及社会现状说明，在婴幼儿期进行性启蒙教育十分必要，它对婴幼儿的身心发展起着重要作用。

39

如何培养宝宝的逆商？

案例导入

商场里，有个小男娃哭得很大声，原来是他搭的积木被别的小朋友不小心给碰倒了。

男孩一看就是个脾气大的，疯狂用脚踩着地上的积木，哭得歇斯底里，谁去劝说都不理。门店店员手足无措地站在旁边，想让他别踩东西，又不敢出声。男

孩妈妈很心疼孩子，她想拉住男孩结果被推开。于是，妈妈对他说："别哭别哭，我们再搭个更高的。""别哭啦，我带你去买个更好玩的积木可以不？"结果一点都不管用，男孩还是哭，而且越哭越大声……妈妈没办法，只能硬把宝宝抱走，边走边说："这有啥好哭的，不倒也不能带走，一点点小事，至于吗！"男孩还是边哭边叫，一路不止……

心理解读

日常生活中，你的孩子有没有过类似的经历，害怕被拒绝嘲笑，不敢承认错误，胆子小爱哭闹，害怕失败，玩游戏输不起，总要第一，学习遇到困难就想放弃，遇事就哭，一不顺心就闹……怎么劝都不管用，这就是每个有孩子的家庭都听说过的"逆商问题"。在孩子成长期间培养孩子的逆商是非常重要的。生活中有很多孩子的智商和情商很高，智商是天生的，而情商则需要通过后天的学习，经历人情世故才能有所建树。不过，除了智商和情商对孩子的成长起着重要作用，还有一种因素就是逆商，逆商也对孩子的成长起着举足轻重的

作用。

逆商和情商的区别是什么？

逆商（AQ）全称逆境商数，它是人们面对逆境时的反应方式，即面对挫折、摆脱困境和超越困难的能力。在社会上，人们随时可能遭遇困境，逆商越高的人挫折感就越低，逆商越低的人挫折感就越高。

逆商和智商、情商一样重要，但不同的是，这种能力需要后天习得，如果经历逆境的次数多了，有了较多的经验，那么这种能力就会不断提高。情商和逆商完全不同，前者是教给人们怎么样更好地交流，后者是教人如何在逆境中成长。我们都知道，人不可能一生都生活在甜蜜之中，悲欢离合是一种正常的状态。作为家长，应该让孩子早日明白其中的道理。学业是孩子成长过程中主要的压力来源，如果宝宝的逆商很高，就能顶得住这种压力。所以，父母最应该培养的就是宝宝的逆商。但很多新手家长可能是第一次听说逆商，也不知道怎么做才能让宝宝提高逆商。

宝宝耐挫能力较差的原因何在？

家长过度代劳。当代家庭通常是一堆大人围着一个娃转，宝宝的问题还来不及自己想办法解决，就被大人快速处理掉了。比如系鞋带、刷牙洗漱或吃饭等小事，其实都可以让宝宝尝试自己完成。这是他们建立掌控感和自信力的机遇。但是很可惜，很多家长因为宝宝做不好、做得慢就直接代劳，而没有耐心去引导孩子想办法自己做好，长此以往，宝宝就失去了成长本身的挫折体验和对生活的掌控感。

家长不能帮助宝宝正确处理负面情绪。挫折可能会引发生气、烦躁、伤心等负面情绪，家长如果不能接纳、理解、积极处理，宝宝的负面情绪可能就会通过不健康的宣泄方式排解，如把家人当出气筒、当众耍赖撒泼等，这不利于宝宝培养耐挫能力。

家长常常贬低、数落、否定宝宝。有些大人总是张口就来："就知道你会这样！""连这个都做不成，你还能做什么！""你现在这么笨，以后也聪明不到哪儿去！"这些消极负面的评价会内化为宝宝的自我认知，觉得自己不够好、笨拙、差劲、不如别人，宝宝连自信心都没有了，更谈何耐挫？

应对之道

如何培养宝宝的逆商？

父母发挥榜样作用。如果父母是比较悲观或者容易焦虑的人，遇到事情的时候，总是愤怒、沮丧、找借口，而不是用积极的态度去解决问题，这会让孩子也觉得身边发生的各种事都让人焦虑，令人烦躁、愤怒。孩子未来要面对的挫折和失败，每一个都比"积木倒塌""做不出来题"要严重得多。不妨从此刻开始改变自己，遇到问题时，大人首先放平心态，不把焦虑情绪转移给宝宝，并一步步引导宝宝解决问题，为宝宝形成平和乐观的心态营造一个好的环境。

教会宝宝生存能力。不经历风雨如何见彩虹，父母不能为孩子事事包办，应该放开手让孩子学会生存和自立，即使跌倒了，也要勇敢爬起，懂得如何保护自己。家长要帮助孩子培养忍耐力和自制力，孩子遭遇困境，家长不要立刻伸手帮助，让他/她先忍受挫折带来的不快，并鼓励他/她设法摆脱困境。

及时解开宝宝的心结。很多家长只注重孩子的身体健康，忽视其心理的健康发展。父母应该多关心孩子的情绪与心理发展，当孩子遇到不开心的事情时要及时疏导其情绪，不要让困难成为孩子内心的心结。家长在教育孩子的时候还应该让孩子学会释放压力，用正确的方式让自己放松下来，比如周末夜话、家庭会议、走进大自然或者找一些解压的玩偶等，只要适合孩子，那就可以当作常用的解压方法。

培养乐观心态。乐观的心态是逆商的重要组成部分，父母要引导孩子积极地看待生活中的困难和挫折，从中寻找积极的因素，如当宝宝遭遇失败时，鼓励他们从中吸取经验教训，展望下一次成功。也可以与宝宝一起阅读有关培养逆商的绘本，如《我想赢，也不怕输》。

心理小贴士

中国人有句话道："不如意事常八九。"在成长的道路上，没有人可以一帆风顺，而一个人在逆境中的表现会影响他/她的成败。如果我们从小就能培养孩子的逆商，对孩子日后的成长是大有帮助的。

如何培养宝宝的独立性？

　　龙龙个子瘦瘦小小的，是名副其实的"小不点"。龙龙从小就不好好吃饭，每次吃饭，奶奶都会追在他屁股后面，不停地念叨着"再吃点吧，再吃一口，吃完了再玩"，等等。有时候龙龙玩得正高兴，被要求吃饭，他还会对奶奶发脾气。奶奶没办法，只能见缝插针地喂上一口，保证龙龙不饿着。

　　上幼儿园后，龙龙妈妈总是告诉老师要多照顾他，并且动不动就说龙龙吃不饱，让老师喂，而龙龙平时也总是喜欢等着老师喂饭，等着老师帮忙穿衣服。老师一看龙龙，龙龙就笑眯眯地向老师请求帮助，老师担心自己的拒绝会让家长有意见，只能无奈地伸出手去帮助龙龙。一天午饭时，班里只有一位老师在，龙龙仍像往常一样东张西望，等着老师喂饭。老师有些着急，催促龙龙自己吃，可龙龙还是一动不动等着老师喂饭，老师提出："你好好吃饭，一会儿给你奖励。"可龙龙还是不动。看到这个情景，老师改变了教育方式，对龙龙说："今天开始，老师不给小朋友喂饭了。老师太累了！看看谁是心疼老师的好宝宝，谁能自己吃饭、自己穿衣，做个懂事的好宝宝。"有的女宝宝听到了说："我还要学着自己梳头。"平时吃饭磨蹭的几个宝宝开始大口吃饭，可是，龙龙仍旧坐在桌子边看着老师，等着老师喂饭，等着老师妥协。

心理解读

　　像龙龙这样的情况，大多数都是家长长期溺爱造成的。类似"追着喂饭"这样的动作看似在关心孩子，实际上却剥夺了孩子自主学习的机会，长此以往，不仅不利于孩子的健康成长，也会给孩子带来许多危害。有些家长说孩子"总是长不大"，而"长不大"的症结到底在哪里呢？其实孩子长不大，与家长的教养方式有很大的关系，过分保护型的教养方式是孩子养成独立品质的最大障碍，过分保护型家庭的孩子大都独立性较差。在家长"周到"的服务、"严密"的保护下，孩子没有机会完成自主行为，对家长的依赖性越来越强，"巨婴"的出现也就不足为奇了。

　　独立性是指人处理事情、思考问题的独立性与成熟度，是社交能力发展的基础，也是人具有主观能动性的一种表现。部分父母由于对子女的教育方式不当，使子女在生活中缺乏锻炼的机会，导致子女自立能力较低。日常生活中家长包办代替的原因如下。

　　家长不放心。现在很多家长在照看孩子时总是小心翼翼。"万一有个啥事，担待不起！"很多长辈在帮忙带孩子时都有这样的心理，因为怕担不起责任，或者因为怕孩子受到伤害，总是不能放手让孩子独立地做事情。

　　家长太勤快和缺乏耐心。很多家长因为怕孩子把食物弄得到处都是，所以一直没有给孩子独立吃饭的机会；因为怕孩子在家里到处乱翻，所以给孩子划定了活动范围；因为怕孩子下楼梯摔倒，所以拒绝了孩子自己下楼的请求。看似家长现在用自己的勤快节省了很多时间，可是以后却要付出好几倍的时间去弥补教育的缺失。

　　父母本身不独立。父母本身不独立就会导致孩子也很难独立。在很多老一辈帮忙带宝宝的家庭中，老一辈包办了所有的家务，扛起了照顾宝宝的重任。自己辛苦了大半辈子，还怕孩子照顾不好孙辈，结果仿佛家里只有一个大人，其他人都是宝宝。这样的家庭是很难养育出独立的孩子的。

应对之道

如何培养孩子的独立性？

独立，从0岁开始。虽然此时的独立还不是真正意义上的独立，但是独立精神如果能从生命的最初得以启蒙和潜移默化，孩子将受益终身。

适当让孩子独处。父母应尽量多和孩子交流，但不必每时每刻陪在孩子身边。只要孩子精神状态正常，周围环境安全，父母可以适当让孩子独处：比如在孩子醒来时，可让他/她独自躺在床上活动一下四肢、四处看看；如果他/她对一个玩具看得入神，也可以适当让他/她自己研究；到了睡觉的时候，尽量让他/她独自入睡，父母不必陪伴左右。

培养孩子的社会交往能力。社交能力也是能帮助孩子走向独立的重要因素。在培养孩子社交能力时，可以从孩子与父母的交流开始。首先，父母要善于辨别婴儿的哭声，并及时对宝宝做出应答；其次，培养婴儿对语音的感知，利用婴儿清醒的时间，让他/她看看周围环境，并告诉他/她周围他/她注意到的东西的名称及用法；再次，要和蔼地微笑着和婴儿说话，引逗婴儿发出"哦哦""嗯嗯"声，父母也可模仿婴儿发出的声音，鼓励婴儿积极发音和微笑，这可促进婴儿喜悦情绪的产生，激励婴儿与人交往。

放手让孩子做力所能及的事情。凡是孩子自己能做的就让他/她自己做，不要替他/她做，这是一个教育原则。孩子长到两三岁就有了强烈的"我自己干"的要求，他/她有这种独立愿望，家长就可以因势利导从培养孩子日常生活的初步自立能力开始，培养孩子的基本能力、基本习惯。比如在家长的帮助下宝宝学会自己吃饭，我们主张宝宝1岁多就让他/她自己吃饭，从宝宝自己吃饭、自己穿脱衣服、穿脱鞋袜、自己如厕、自己收拾玩具、自己擦鼻涕、吃东西前后或便后自己洗手开始培养自立能力。当然开始先让家长帮助，再慢慢过渡到孩子自己完成，幼儿期的自立能力是培养孩子独立性最主要的内容。等宝宝到了五六岁，家长的要求可以高一点，在这过程当中逐渐培养孩子的独立意识、独立生活能力和自己去做的劳动习惯。

培养孩子初步思考的能力。培养孩子逐步思考的能力，就是让他们勤动脑，不仅要孩子自己独立动手去做事，还要孩子独立地动脑去想问题。常常看到有些家长不厌其烦地回答孩子的问题、陪孩子阅读，利用一切时间来丰富孩子的知识。实际上培养孩子获取知识的能力，比给他/她脑子里装多少知识更重要。陈鹤琴先生有一条育儿原则，他说："凡是小孩子自己能够想的，应当让他自己想。小孩子一时想不到或者不能够完全想到的，我们可以间接帮他想。小孩子平常不大用思想的，我们应当积极指导小孩子说思想。"

创造机会培养孩子自己拿主意、做决定的能力。有的家长经常说孩子太有主意不好，应该听大人的，实际上孩子有主意是件好事，应该给孩子创造机会培养他们自己拿主意。我们的教育常常是注意培养孩子顺从听话的品质，不大注意去倾听孩子的需要，从生活小事一直到孩子的发展都由家长一手包办了，因此孩子缺乏自己做决定的机会，就很难培养出自我抉择的能力。

心理小贴士

在孩子独立的道路上家长也在成长，孩子笨拙求救的事情太多了，哪能有真的"铁石心肠"、任何情况都能坚持让孩子"自己来"的父母？很多时候，父母自己往往成了孩子独立的障碍。父母是孩子的指路明灯，随着孩子渐渐长大，父母应该有意识地培养孩子的独立意识。培养孩子的独立意识，是一个循序渐进的过程，也是一个漫长的过程，父母千万不能操之过急。

41 如何培养宝宝的自信心？

案例导入

　　3岁的豆豆性格内向。一次，豆豆看见楼下的小朋友在学骑自行车，她也嚷着要学。妈妈就给豆豆买了一辆小的自行车，鼓励豆豆认真学。但豆豆刚学骑自行车的时候，没有掌握要领，狠狠地摔了好几次，豆豆就又气又恼，说："我不想学了，骑自行车不适合我。"

此后，妈妈想方设法鼓励豆豆，让豆豆再尝试学习骑自行车，豆豆都非常消极地说："我不行，我做不到。"如果妈妈再坚持的话，豆豆就会下意识哭起来："我不行，我做不了。"幼儿园的老师也反映，豆豆入幼儿园一个月以来，在班里基本没有主动说过一句话，平时做什么事情都不积极，连老师和小朋友邀请她一起玩，她也总是回答"我不会"……

心理解读

　　"我不会""我从来没做过""我不行""做错了别人笑我怎么办？"……这些是缺乏自信心的孩子常说的话，不知道平时家长们碰到过类似的情况吗？其实出现这种现象正是孩子不自信、自卑的心理在作祟。像豆豆的内心已经有了一套自我拒绝、自我否定的逻辑链，遇到困难，还未尝试解决，就先否定了自己。一个自信的人，可以积极地、正面地实现与表达自我价值，展示自我能力。一个人真正内在的自信，是从小培养出来的，而培养自信的最重要的方式就是父母以身作则。真正自信的人，不靠学历、工作成就、金钱、外貌这些外在的价值支撑，而是依靠内心的平和。很多家长在教育孩子时，往往把注意力集中在教孩子一些知识上或训练孩子掌握一些技能上，而忽略对孩子自尊心和自信心的培养，这是本末倒置、舍本逐末的错误做法。

孩子遇事自我否定的三大原因

很多孩子习惯性地将"我不行！我不能！"挂嘴边，看得父母又气又急，一边怕大声呵斥伤到孩子脆弱的心灵，适得其反；一边又担心放任不管孩子容易形成自我否定、懦弱的性格。其实，解决这个问题很简单，首先了解造成孩子自我否定的缘由，其次对症下药，化解孩子的自卑心态。

一、孩子"自我设限"

科学家曾做过这样一个实验。他们将一只跳蚤放在桌子上，拍下桌子，跳蚤高高跳起来，之后科学家用玻璃罩罩住这只跳蚤，再拍桌子，跳蚤碰到玻璃罩便不再跳。接下来科学家逐渐改变玻璃罩的高度，跳蚤也总能在碰到罩子后改变自己跳的高度，到了最后，玻璃罩几乎齐平于桌面，即便拿走玻璃罩，跳蚤也不再跳。因为它已经被环境改变，丧失了再试一下的勇气。很多孩子也是如此，在遇到困难时想的不是如何解决，而是先在心里给自己设一个限制，认为这件事这么困难，我不行，我不可能做到。所以说心理上的自我设限是造成孩子自我否定、不自信的重要原因之一，孩子不愿意走出舒适圈，遇到问题只想着逃避退缩。

二、家长的谦虚教育

有家长抱怨，孩子总把自己局限在一个舒适圈中，稍有不对就选择退缩，积木没搭好，让他再尝试就会沮丧地说我不行。那孩子为什么会否定自己？除了孩子的性格、心理因素，诸位家长不妨在自己身上找找原因。很多家长在教育孩子时，怕孩子骄傲自满，因此总是在外人面前否定孩子。相信不少家长都在别人夸奖孩子时说过这样或那样否定孩子的话，比如"他很笨的，很简单的活都干不好""都是侥幸，没有你家宝宝聪明"，等等。家长可能是谦虚，是无心之言，但孩子内心很敏感，久而久之，就真的认为自己能力不行，是父母眼中的笨小孩，很多事情都不敢尝试就先放弃。

三、孩子对挫折、失败抱有强烈的畏惧心理

现如今的家长对孩子的期望非常高，望子成龙，望女成凤，虽是好意，但

无形之间就会给孩子带来很大的压力。受到这份压力的影响，孩子对挫折、失败有着过分畏惧的心理，一方面高压之下孩子无法发挥正常水平，另一方面孩子也惧怕失败后父母的批评和失望，久而久之，对于一些困难孩子自己就会先一步逃避、放弃。

 ## 应对之道

如何改变孩子自我否定的心态？

言传身教，避免自我设限。都说父母是孩子人生路上的启明灯，家长的正确引导比任何方法都来得有效，家长可以给孩子做出好的示范。榜样的力量是无穷的，要想孩子有自信，家长应率先示范。孩子的模仿能力强，若家长一举一动总是自信满满，耳濡目染，孩子自然会接受正能量，充满自信。如果不管孩子是什么样子、做了什么，家长都能表现出对他们的喜欢，可以增强他们对自我价值的肯定。这样的"正向强化"会让孩子的自我认同感越来越高，变得很自信。

理解孩子的感受，尊重孩子的意见。孩子其实是很敏感、很有灵性的，他们内心也有丰富的情感，家长首先要站在孩子的角度，理解孩子的情绪、感受。在孩子眼里，父母是最值得信任和依靠的人。当孩子向父母提出了要求，这就说明孩子真的需要父母的帮助。作为父母，无论孩子的要求合理与否，都要认真对待。当孩子遇到挫折、失败时，要鼓励他们，安抚他们的情绪，让他们明白他们此时的感受你都理解。父母要树立威信，但不能因为自己是大人就在孩子面前树立高高在上的权威。孩子在长大的过程中会展现出独立意识，会有自己的想法，父母可以先听取孩子的想法和意见，再结合自己的经验给孩子提出建议。

不要拿孩子跟别的孩子比较，多肯定孩子。几乎每个父母的口中都有别人家的孩子，自家的孩子没有别人家孩子的成绩好，父母乐此不疲地试图拿别人家的孩子来刺激自家孩子的成长。聪明的父母永远不拿自己的孩子与别人的孩子做比较，在他们的心目中，自己的孩子就是最好的、独一无二的。与其做比较，不如改进自己的教育方法，真正认识到孩子的进步或退步之处，有针对性地教育孩子。孩子年纪小，但同样有自尊心和自信心。有些人聚在一起喜欢拿孩子打趣，或者嘲笑孩子说话的发音，或者嘲笑孩子的考试成绩甚至长相，这些都会在孩子的心里埋下自卑的种子。作为父母要多肯定孩子的努力，孩子要多被认可，才更有动力去做得更好。

时常夸奖孩子，允许孩子失败。很多中国家长信奉打击教育、谦虚教育，他们认为夸奖会让孩子自傲、自负，殊不知过分打击会让孩子的自尊心、自信心受损，孩子听多了自己不行的言论，就会下意识否定自己。不要急着否定孩子有些可笑的言论和做法，而应对其报以鼓励、夸奖的态度，这样可以激发孩子面对新鲜事物、困难的热情，让孩子走出舒适圈，勇敢自信地面对生活。"人非圣贤，孰能无过。"宝宝遇到挫折、失败都是不可避免的事情。其实失败何尝不是人生中的一次重要经历，只有学会正确面对失败，总结经验尝试再做一次，才能更直观地明白自己的错误，重新找回自信心。

心理小贴士

　　卓别林说："人必须相信自己，这是成功的秘诀。"自信心是一个人成功的重要的人格品质。一个自信的孩子，不管做什么事情都会比一个自卑的孩子更顺利一些。我们要知道，让一个自卑的孩子变得自信开朗并不是一天就可以完成的事情。"路漫漫其修远兮"，我们相信，只要家长在日常生活中给予孩子多一些信任与赞美，让孩子认识到自己的优点与长处，孩子的内心一定能充满勇气，脸上一定会带着自信的笑容。

42

如何培养宝宝的自控能力?

承承本来健康、活泼,聪明又自信。可是,5岁生日过后,承承开始变了,变得没有耐心、话多,别人讲话老是插嘴,走路蹦蹦跳跳,连下楼梯都是用"飞"的。就连做他自己最喜欢的事情的时候也是毛毛躁躁的,要么东张西望,要么摸摸这个、碰碰那个,静不下来。他似乎总有用不完的精力、使不完的力气,站或坐时,手脚动个不停,即便大人呵斥,也不过停下来1—2分钟,其间还不断打哈欠,不停将手放在嘴里。稍不遂意,

就火冒三丈,眼睛睁得通红,如小炸弹,随时可以引爆。幼儿园老师反映,承承在幼儿园集体教学活动中注意力很难集中,是个"坐不住"的宝宝,有时他会"骚扰"周围的小朋友而打断老师正在进行的活动;对于老师布置的任务,他常常不能很好完成。他想参与同伴的活动,却因为不适宜的方式而被同伴拒绝。在幼儿园其他宝宝眼中,承承是一个调皮、只知道惹老师生气的坏宝宝。

心理解读

从认知心理学的角度,承承的这些问题都可以归结到同一种能力的缺乏,就是自控力的缺乏。不光小朋友有自控力的问题,家长们也会有,比如爸爸们能不能控制住自己抽烟、喝酒的冲动?妈妈们能不能控制住自己的购物冲动?现在你大概可以理解,自我控制力是多么重要,做到自我控制又是多么困难

了。孩子自控力好不好，很大程度上取决于他们的年龄，3—7岁的孩子是自控力变化最大的时候，我们常看到三四岁的宝宝一旦不开心就在地上打滚哭闹，可是，过了六七岁之后，就变得守规矩懂礼貌了。自控力也有个体差异，有些孩子的自控力天生比较好，有些比较差。具有高自控力的孩子，即使不开心，也会克制或者用其他方式来发泄情绪。如果孩子自控力比较差，不用过分责备他们，当孩子失控的时候，他们失去了对自己的掌控感，他们也在受苦。

自我控制力是面对诱惑和冲动时，我们能够有意识地控制自己的情绪、认知和行为的能力，它是一项重要的基础能力。研究表明，自控力与孩子的学业成就有很强的关联性，小时候自控力好的孩子，他们上学后阅读和数学成绩也会很好，这种关联性比智商对学业成绩的影响还要大。

自控力是一个人意志力的体现，也是达成目标的重要能力之一，越是善于控制自己情绪与行为的人，越能抵抗住外界的诱惑，从而坚持到最后，取得更大的成就。心理学研究证实，宝宝的自控能力是天生的，它来自大脑前额叶皮质，由人大脑中的生物能力决定。不过它也是一种"肌肉模型"，也就是说天生自控力强的人如若后天不训练也会退化，而天生自控力弱的人，只要后天加强训练和培养，完全可以"逆袭"。

宝宝自控力差的原因何在？

生理发展不成熟。幼儿的大脑和中枢神经系统发育尚未成熟，这可能导致他们难以对自己的行为进行有效的预测和控制。但家长不用过度担心，随着孩子的成长，这种自控能力会逐渐提高。

注意力不集中。如果孩子在日常生活中经常受到干扰，或者饮食中缺乏必要的营养，可能会导致注意力不集中，从而影响自控力。

情绪不稳定。家庭环境、父母的教育方式以及孩子自身的经历都可能影响其情绪稳定性。例如，父母经常争吵可能会让孩子学会通过发脾气来应对压力。

缺乏延迟满足的能力。幼儿往往希望自己的需求能够立刻得到满足，缺乏等待和延迟满足的能力。

如何帮助孩子提升自控力呢?

对症下药。对于很多孩子来说,他们的大脑还没有发育完全,控制不了自己是一件非常正常的事情,这时候他们的意识里还没有养成好习惯的想法,所以家长这个时候就要学会适时引导,让他们在大脑完全发育好之前,就把自控力的观念灌输到孩子的脑子里。首先家长要选择孩子感兴趣的事,这样孩子才会把自己的全部精力都放在上面,将来也许能够在这一方面做出较大的成就,或是起码也有了一技之长。久而久之他/她就会把做这种事情的方法放到其他事情上,这个时候情况就简单了很多。

家长以身作则。家长取得孩子的信任很重要,在与孩子的交流中,信任是基石,在孩子的成长环境中,家长起到了重要的作用,想要培养宝宝的自控力,家长就要以身作则。

学做计划。计划是自我控制最关键的一环,有计划、有目的地去做事的孩子,自控力一般也比较强。要鼓励孩子做计划,每天要做什么、玩什么,长期坚持下去,孩子慢慢养成习惯,对孩子的人生有很好的帮助。每个孩子天性不同,当孩子制订好计划后,我们可以跟他/她商量出一套赏罚机制,来帮助孩子达成计划,并且让孩子在实现的过程中体会控制自己所带来的快乐。对于很多孩子来说,可能刚开始要养成一个习惯非常困难,因为最少要坚持21天,他们随时都有可能放弃,这个时候就需要家长鼓励他们把行动变成习惯,不要觉得这是任务,就把它当成是自己日常要做的事就好了。家长一直鼓励、支持孩子,孩子才能找到坚持的力量。

延迟满足。不要因为孩子想要什么,就立刻满足他/她,这样孩子会越来越没有耐心。锻炼孩子自控力的办法就是让孩子学会等待,最好的方法就是奖励延迟法,比如说妈妈正在做家务,但是孩子在一旁无聊,想要妈妈陪着他/她玩,这时妈妈就可以说:"帮妈妈把桌子擦干净,妈妈就陪你出去玩好不好?"宝宝会很开心地帮妈妈把家务做完。能够延时满足需要的孩子,通常自控力比较好。

进行自控力训练小游戏。孩子的自控力是需要训练的,必须从小开始培养,在孩子性格尚未定型之时,让孩子学会如何控制自己。日常生活中可以玩一些自控力训练的小游戏,通过游戏中的规则让孩子习得如何约束自己的行为。不过对孩子的自控力训练一定要持之以恒，不能急功近利。对一个精力旺盛、根本静不下来的孩子来说，让他/她安静地坐着是不可能的，但是如果让他/她假扮一个稻草人，他/她可能会安静好一会儿。角色扮演是训练小宝宝自控力的一个很有效的方法，因为在小孩子看来，这是一个和他/她玩耍的游戏，他/她很容易融入其中，在玩耍中就不知不觉地提高了他/她的自控能力。最主要的是因为游戏都是有固定规则的，孩子会认真对待，在遵守规则的同时，孩子的自控力也得到了早期的训练。

反习惯培养。反习惯就是与正常的思维相反的行事风格，比如看同一幅画，可以从不同的角度观赏，得到的感受也各不相同。研究发现，学习多种语言可以提高孩子的自制力。多学习一门外语也是培养反习惯的很好的方法，孩子在两种语言中切换的时候，就要集中注意力避免另一种语言的干扰，这对于自我控制力的锻炼很有效果。

心理小贴士

　　孩子自控力的培养很重要，不仅能让家长省心很多，也能很好地帮助孩子将来的成长，所以，家长在孩子小的时候一定要注意培养孩子的自控能力。在孩子培养自控力的过程中，需要家长陪伴和以身作则，当孩子觉得每天学习、锻炼身体都是理所应当的事，他们就不会再抗拒这些事，他们会觉得到了时间就要做这些事，不然心里就会少了点什么，习惯就是这样养成的。

43 如何培养宝宝的自主意识?

场景一：上幼儿园的儿子前几天放学回来问："妈妈，我们幼儿园要举办运动会，我能不能报一个200米跑步比赛?"妈妈看着儿子瘦弱的身板，对儿子说："你这么瘦，200米跑步会很累的，还是不要参加了。"儿子看上去很不开心，说道："我们班好几个小朋友都报了，我也想参加比赛，只要参加比赛就有礼物。"因为儿子从小身体就弱，经常感冒生病，妈妈不舍得儿子去，所以对儿子说："绝对不行，你得听妈妈的话，妈妈是为了你好。"儿子很不开心，那天晚上几乎没怎么吃饭，也没怎么说话。从那以后，幼儿园再遇到什么事情，他都会说："妈妈你做主吧，我听你的。"儿子再也不愿意自主决定任何事情了。

场景二：妈妈带孩子去买衣服鞋子，孩子说这个好看，妈妈却说这个质量不好。孩子接着说喜欢那个，妈妈又说那个太贵，最后挑来挑去，还是妈妈选的款式，然而孩子并不怎么喜欢……当孩子去餐厅吃饭，想要自己点餐的时候，妈妈却直接对服务员说："给宝宝来份这个吧，其他的都不适合他吃。"当孩子满心欢喜，回家跟妈妈商量报一个绘画兴趣班时，妈妈却已经给孩子报了舞蹈班，根本就没有跟孩子商量……久而久之，孩子无论做什么，都要父母拿主意，自己一点主见都没有了。

心理解读

不可否认的是，这些家长的确是因为爱孩子、为孩子着想才替孩子做主。

但是这些做法对孩子来说没有一点好处，只会让孩子越来越没有主见，什么事情都依赖父母，因为他们觉得反正自己的意见父母也不会采纳；还让孩子失去了独立思考的能力，形成了优柔寡断的性格。这就是我们通常说的"自主意识"问题，自主意识是个体对自己的各种身心状态的认识、体验和愿望。孩子是否有自主性，主要表现为孩子是否有独立意识，是否有独立判断问题的能力，是否有自行解决问题的办法等。面对一个难以选择的问题，我们的孩子是否能够做出正确的选择。

孩子缺乏自主意识的原因

孩子失去了自由。有一部分新手爸妈在养育孩子的过程中，总是很强势地去帮助宝宝做一些事情，从而导致孩子在整个成长的过程中，没有自己的人生空间，甚至是在一点点小事方面，家长们也总是喜欢插手，无论什么事情都要干涉。这显然是不合理的。要知道，每一个人都是一个独立的个体，不会无论何事都受他人支配，小孩也是如此。倘若孩子在为人处世方面，总是要征求大人们的意见后才能做决定，那很有可能导致孩子在做一些事情的时候，总是会第一时间想要去征求家长们的意见，而不会自己拿定主意。久而久之，"听爸爸妈妈话的孩子才是好孩子"这种想法深入孩子的内心，他们把"听话"和"好孩子"画上等号，在孩子的意识里，自己如果要成为好孩子就一定要听爸妈的话，如果某一天与爸妈意见不一样，那就是不听话，就是"叛逆"。

孩子的选择权被剥夺。有些家长总是想要剥夺孩子们的选择权，无论是孩子面对自己喜欢的事情，还是自己不喜欢的事情时，这些父母都会很容易地将自己的小孩当作是自己的下属，会按自己的喜好和价值标准来指导孩子，常以自己的想法反驳孩子，如果孩子与自己的意见产生了分歧，通常都会试着用自己的理论去说服孩子，而不给孩子说服自己的机会。此外，他们习惯一切都帮孩子操办，也总是为孩子做出自己认为正确的决定，孩子根本没有机会做出自己的选择。这种强势的父母之爱，就像温水煮青蛙一样，孩子渐渐习惯了一切听从父母的吩咐，逐渐失去了要自己做决定的意识。

总为孩子安排人生道路。大多数父母认为，自己是出于爱，为了让孩子少走他们认为的弯路，过"更好的生活"，才"插手"安排孩子的人生道路，一旦孩子偏离轨道，就会想方设法把孩子强拉回来。父母往往觉得，自己的经验比孩子多，自己的判断能力比孩子强，孩子就应该按自己说的来。其实大部分孩子在成长过程中，往往都会倾向于父母们的一些想法，因此，孩子倘若在该形成自我意识的年龄阶段，没有很好地形成自我意识，是很容易形成依赖父母的心理的，慢慢地孩子就会失去自我的想法，没有了自我规划能力。

 ## 应对之道

如何培养孩子的自主意识呢？

让孩子掌控自己的时间。和每个成年人一样，孩子也应拥有自己的时间。如果孩子的时间规划完全由成人包办，他们只是执行，那么孩子的自主性就永远也培养不出来。孩子有了自己的思想，就会给自己安排很多事情，所以要把时间让给孩子，不能再像小时候那样，寸步不离、紧紧呵护，学会尊重孩子自己安排的时间表，并帮助他们一起完成。同时家长也要帮助孩子合理安排自己的时间，及时指出孩子安排的不合理之处。

腾出空间，让孩子自己探索。在保证安全和有益健康的情况下，家长要尽量给孩子自由探索的空间，让孩子发现尝试新事物和接触新事物并不是一件可怕的事情。随着孩子慢慢长大，家长应科学地逐渐扩大孩子的生活空间，才能有利于孩子的健康成长。现在很多家长对孩子的看管过于严格，因为担心自己的孩子会在意料不到的情况下发生危险，所以采取限制和禁止的方式避免孩子受到伤害。甚至有些爷爷奶奶会不自觉地暗示孩子周围的一切都是不安全的，只有待在一个固定的范围内才是安全的。可是请家长仔细地想一想，如果一个孩子从幼儿时期就被灌输"环境是不安全的""只有不作为才是安全的"，那么当孩子长大成人，这一切的暗示都会让他/她裹足不前、畏首畏尾。

不批评反驳孩子的观点。父母不要轻易对孩子的观点提出批评和反驳，不要以大人的观点去评判孩子的想法，无论他们做什么，家长都需要管住自己的嘴，不批评、不反驳。遇到问题时要多和孩子沟通，询问孩子的想法。从孩子的角度出发，给孩子更多的鼓励和帮助。不要当孩子对父母有一点反驳的意思时，父母就对孩子大加训斥，只有当孩子感受到父母对自己的尊重，才会听父母说的话，才会采纳父母的观点。如果孩子经常在表达出意见后遭到批评反驳，那孩子以后就不愿再表达自己的意见了。

提出问题，让孩子自己找答案。每一个孩子都会无休止地提出一个又一个问题，但如何让他/她找到问题的答案呢？经验告诉我们：孩子爱不爱提问题，是关系孩子成长的重要因素，而孩子如何得到答案，则是关系孩子成长的更重要的因素。对孩子提出的问题，常见的做法是立刻告诉他/她答案，这种做法看起来简单又省事，但这样的孩子成年之后就不愿意思考问题，一切问题的解决都要靠别人提供现成答案。在平时孩子的生活与学习中，家长要多鼓励孩子说出自己的想法。"我觉得……"或者"我认为……"的话语应该要引导孩子多说，让孩子知道自己的意见对于别人尤其是对于父母来讲是非常重要的。

不抢着对话，启发语言表达。爱说爱问是孩子的天性，我们不能过多限制。孩子在初学语言的时候，都会有吐字不清楚、语句有问题，甚至不符合逻辑的情况，这个时候如果父母抢着与孩子对话的话，久而久之，孩子反而会对说话失去信心，父母一定要稳定一下心情，让自己更加有耐心，可以等孩子先说完，然后再用成人的语言来描述一番，这样，孩子以后也就不会对说话"发怵"，会更有信心来表达自己的观点。

让孩子有自主的机会。孩子的自主性不是天生的，是后天训练出来的。所以，在生活中家长要给孩子充分的信任，多多放手，一定要让孩子多锻炼、多思考，多给孩子机会让他们成长。父母在日常生活中可以多问问孩子的想法，让孩子更多地参与到家庭事务中，学会自己的事情自己做，同时家长也要鼓励孩子独立完成力所能及的任务，不剥夺孩子自主思考的机会，让孩子学会自己做主、自我管理、自我约束，从而养成良好的习惯，提高社会适应能力。

心理小贴士

　　自主，是可以独立思考，完成自己的事。我们要给予孩子的不仅仅是物质保障，更应该培养孩子的能力、习惯、性格，协助孩子成长，让孩子面对任何事情时，不是只知道依赖父母，而是能够自主自发地去思考，处理、解决问题，孩子能够自主做事，家长的引导才会更见成效。家长还可以和孩子们一起阅读培养自主性的绘本，如《大卫惹麻烦》。

44 如何帮助宝宝克服恐惧？

4岁的美美是一个乖巧的女孩，对人有礼貌，十分听老师的话，从来都不反驳老师，就是胆子太小，老师点名叫她回答问题，她也只是低着头，默默地不说话，更不敢大声回答问题，不管是做游戏还是唱歌跳舞，她都是往后躲。美美的妈妈也说美美的胆子特别小，见到陌生人就害怕，躲着不肯面对。美美虽然从小在爸爸妈妈身边长大，但是由于爸爸工作忙，妈妈忙着带刚出生的小妹妹，她每天只能待在家里，也不经常出门。美美小的时候还很调皮、爱动，喜欢出去玩，喜欢到处乱跑，妈妈带着她和小妹妹不方便，但又怕她乱跑摔跤，就经常吓唬她说："你再跑小心坏人把你抓走！"有一次，美美跑远了，看不见妈妈了就大声哭起来，正好来了一个陌生的叔叔说要把她送回去，她以为是坏人要把她带走，吓得使劲大哭，晚上睡觉时在梦中还大声哭。从这以后，她就一改从前调皮好动的性格，变得内向，而且特别胆小，说话也是细声细气的，不敢一个人待在家里，不敢做危险的事，处处都十分小心。

心理解读

美美的行为与心理学上所说的恐惧情绪反应有关。在日常生活中，常听到一些父母反映：自己的宝宝胆子小，不敢一个人睡觉，不敢接触小狗、小猫之类的小动物，还有的宝宝十分害怕打雷闪电，等等。恐惧是幼儿心理发展过程中普遍存在的一种情绪体验，是孩子对周围客观事物的一种正常的心理反应，恐惧的内容常常是一种消失后，另一种又产生了，具有不稳定性，很多的恐惧不经过任何的处理，随着年龄的增长会自行消失。

研究表明，孩子恐惧的对象是随着年龄的增长、经验的丰富而改变的。不同年龄的孩子有不同的恐惧内容和对象。如新生儿怕大人说话或者是陌生人，1到3岁的婴幼儿怕动物、昆虫、陌生环境、黑暗孤独等，4到5岁的孩子怕鬼神妖怪、猛兽、闪电雷击等，小学生怕身体损伤、动手术、摔伤、离开父母、亲人死亡、考试、被批评等。年龄越大，其主观想象的、预料的危险引起的恐惧越多。想要帮助孩子克服心理恐惧，家长首先应该了解导致孩子产生恐惧心理的原因，再根据孩子的情况进行改善。

孩子产生恐惧心理的原因

后天的经历所致。 当孩子在成长过程中遇到来自外界的不良刺激、突发或意外事件的惊吓，如自然灾害或发生重大生活事件等，造成孩子心理应激，就会在其脑海中留下深刻的恐惧印象，以后即使碰到轻微的刺激也会产生强烈的反应。如孩子最初被一条黑狗咬过，于是害怕所有的狗，继而怕所有的四足动物。这是一种心理泛化现象，它是通过条件反射产生的，所谓"一朝被蛇咬，十年怕井绳"便是这个道理。

外界环境的突发变化。 有些宝宝对环境的变化会显得尤为敏感，对新环境很难较快地适应，往往会感到焦虑和不安，从而产生恐惧心理。这里的新环境不仅指地点的变化，比如从幼儿园到小学，还包括事物环境的变化，比如爸爸妈妈突然生病等。

孩子自身知识及生活常识的不足。 由于孩子还未对世界的各项事物、情感产生基础的认知，缺乏相应的科学知识和生活常识，生活经验不足，他们就会对一些自然规律产生恐惧，对特定现象产生害怕心理，这些恐惧包括害怕黑夜、害怕面对亲人的死亡等。同时由于孩子自身能力不足，容易泛化对事物的恐惧，有些孩子会将对某种事物的恐惧泛化到与之相似的事物上，比如有些孩子因为怕打针而害怕护士，继而发展到害怕穿类似护士制服的人员，如医生、厨师等。

受他人恐惧的影响。 有些孩子在看到、听到别人处于恐惧状态中时，即使自身处境并无任何引起恐惧的因素，也会坐立不安，受到感染。他们会对别人面对恐惧事物时表现出的恐惧样子印象深刻，甚至将其演变成自己恐惧的事物。例如，听到成人讲一些鬼怪故事后，由于无知及大人的消极暗示，其内心也会产生恐惧感；父母对某一事物或现象存在恐惧，在宝宝面前毫不掩饰地表现出来，比如母亲害怕猫的话，久而久之当猫靠近的时候，宝宝也会害怕。

 ## 应对之道

怎样消除孩子的恐惧心理？

恐惧是孩子胆怯的一种情感表达，当孩子在面对觉得危险、可怕的事物时，会不由自主地说"我害怕"，这是孩子在成长过程中对外界的危险保持的适当反应，但是如果孩子对周围太多的事物产生恐惧心理，容易养成怯弱胆小的性格，失去了体会生活的各种乐趣的机会。当孩子处于恐惧状态时，家长是最好的保护者，作为孩子最为依赖的对象，家长应采取正确的行动，帮助孩子摆脱恐惧心理。那么怎样才能帮助孩子消除恐惧心理呢？

接纳孩子的情绪。孩子觉得害怕，家长不要责骂孩子，也不要强逼孩子不怕。而是先接纳他/她的情绪，并安抚他/她：没事的，怕很正常，妈妈小时候也怕；爸爸妈妈就在旁边陪着你，你觉得害怕随时可以叫我们。给予理解，孩子的紧张情绪就会得到放松；告诉孩子家长会陪着他/她，他/她的安全感就会大增。

放平自身心态。孩子在1岁以内，大多没有怕生的情绪，但是到了1岁后就非常明显，这时候家长难免怀疑是否自己的教育出现了偏差。实则不然，这本来就是孩子正常的成长过程，家长应当将心态放平，客观看待这件事，就像孩子学爬、学走路一样自然，只要过了这个阶段就会变得好起来。如果家长过于焦虑，看到孩子怕生就非常着急，反而会影响他们的心情，让他们更加惧怕陌生人，从而陷入恶性循环。因此在孩子出现恐惧这个阶段之时，家长最该做的，就是不把这当作一个难题，而是当作生活的一个正常过程，随着家长心态放松，孩子也会松弛心情，更好地去接纳这个世界。

系统脱敏法。这种治疗办法主要是让孩子暴露在引起恐惧的事物当中，让孩子逐渐地接受环境因素导致的刺激，降低对事物的敏感度，直到处于完全不害怕的状态，这是最为直接有效的方法。作为父母应该详细了解孩子恐惧背后的原因，找到原因后采取"小目标+多次重复"的办法，让孩子慢慢适应。要注意，进行"脱敏"首先不能心急，要避免一口吃个大胖子的心态，孩子害怕的东西可能有很多，比如单独入睡、在公众面前讲话等，父母应该每次只选择一个恐惧点去帮助孩子克服。以孩子单独入睡为例，可以从一周一次开始尝试，只要孩子做到了一周一次单独入睡，就可以给予奖励，然后再慢慢增加。在这个过程中，除了频次增加，父母也要给予孩子更多的鼓励和安慰，帮助他们度过这个阶段。

主动适应法。这种方法主要用于解决孩子对新环境或问题的变化所产生的疑问和恐惧，比如教会孩子这种变化是为了学习新技能，是为了交到更多的好朋友，等等。让孩子对其所害怕的事物进行理解，了解其存在的合理性以及克服它的必要性。

科学教育法。对于由于缺乏相应知识而产生恐惧的事物，爸爸妈妈只需要培养孩子以科学的方式去认知世界即可。比如孩子害怕蜜蜂，爸爸妈妈就可以告诉孩子蜜蜂是益虫，它们只会在受到刺激或伤害的时候才攻击人。

注意力转移法。此法比较适用于孩子处于恐惧状态难以自拔、情绪不受控的时候，注意力转移法可以让孩子尽快忘却恐惧，保持心情愉悦。如用宝宝喜欢的游戏、玩具或音乐等转移他们的注意力。

心理小贴士

"胆怯之心随着时间的消逝而消失。"时间是一剂良药，不论是对大人还是孩子都一样，只是孩子需要的时间更多一些。无论恐惧的对象是什么，只要有父母的支持和内心的勇气，总有一天孩子会克服恐惧心理。

45

如何培养宝宝的责任感？

案例导入

　　瑶瑶蹒跚学步时跌倒了，奶奶就"砰砰砰"使劲用脚跺地说："都是地不好，让我们瑶瑶摔倒了。"瑶瑶撞到了桌子上，磕痛了，爷爷就"啪啪啪"使劲用手打桌角说："都是桌子不好，把我们的宝宝碰痛了。"此后，瑶瑶只要一受委屈，就眼泪汪汪地瞅着家人，等家人找出"替罪羊"来哄她。

　　一晃，瑶瑶已经读中班了，她开始知道，跌倒了怪地形不平，实在太可笑。不过，她做错任何事，都能找到为自己开脱的理由。她会说："妈妈，今天我摔了一跤，是外公不好，他没有拉住我的手。""妈妈，今天我去绘画班迟到了，是爸爸不好，他没及时叫醒我。"这个不好，那个不好，就她自己好。瑶瑶长大后要怎么办？

心理解读

　　在很多家庭中，家长们总觉得孩子小，需要关爱，所以在孩子遇到困难和挫折时，总是习惯替孩子分担责任，久而久之，孩子也学会了推脱责任，犯了错误后习惯把责任推到他人身上，这是没有责任感的表现。

　　所谓责任感，是一种道德认识，也是一种行为实践。具体地说，就是一个人对自己的工作、所属的群体、所生活的社会应承担的责任、应尽义务的自觉态度。对宝宝而言，责任是指宝宝在对待自己应该做的事时，在幼儿园、社会、家庭中应该遵守的规则、应该完成的任务的态度和行为。

孩子在3—6岁幼儿阶段所表现出的各种主动尝试的愿望，正是责任心萌芽的表现，如宝宝要自己独立吃饭、自己穿衣服、自己穿鞋、手脏了自己洗等，家长的责任是密切地关注他/她、鼓励他/她，在宝宝尝试的过程中，培养其责任意识，增强其自信，引导其逐步成为独立自主，对个人、社会负责的个体。

宝宝缺乏责任感的原因何在？

宝宝缺乏责任感，主要原因是家庭养育方式不当。

父母过度溺爱。 父母过度溺爱宝宝，满足他们的所有需求，不让他们承担任何责任或后果，这会导致宝宝形成依赖心理，缺乏独立思考和解决问题的能力，进而影响到责任感的形成。

缺乏责任教育。 父母没有通过日常生活中的小事来培养宝宝的责任感，如让他们承担一些家务、对自己的行为负责等，让宝宝无法意识到承担责任的重要性。

宝宝犯错时，父母习惯带着强烈情绪责骂宝宝。 当宝宝犯错时，父母如果采用带有强烈情绪的责骂方式，会让宝宝感到害怕和不安，而不是反思自己的错误并勇于承担后果。

应对之道

怎样培养宝宝的责任心？

树立责任意识，即"自己的事情自己做"。 和孩子进行协商，明确哪些事情是孩子应该自己做的，锻炼孩子独立做事的能力，做之前家长要向孩子提出要求，鼓励孩子认真完成。如玩完玩具后应该主动收拾好，应该自己吃饭、自己穿脱衣服、独立收拾书包，游戏中懂得遵守游戏规则（等待、轮流等）。同时，爸爸妈妈应及时给予积极的评价与反馈，让孩子因为自己能主动完成任务而感到自豪和喜悦。遇到困难时，家长首先应该让孩子自己动脑筋想办法，可在语言上给予指导，但是一定不要包办代替，让孩子有机会把事情独立完成。

鼓励"有始有终"。 孩子好奇心强，什么都想去摸摸、去试试，但是随意性也很强，做事总是虎头蛇尾或有头无尾。所以交给孩子做的事情，哪怕是很小的事情，爸爸妈妈也要有检查、督促以及对结果的评价，以便帮助孩子养成持之以恒、认真负责的好习惯。

勇敢承担责任。如孩子损坏了他人物品或造成其他损失时，应让他知道是因为自己的过错才造成了不好的后果，理应和孩子一起给对方道歉和赔偿。也可适当让孩子了解爸爸妈妈的忧虑和难处，提出一些问题，引导孩子独立思考和选择，大胆发表自己的见解。让孩子知道，家庭的美满幸福要靠爸爸、妈妈和自己的共同参与，进而增强孩子对家庭的责任感。

对孩子进行爱的教育。爸爸妈妈在家庭中，应引导孩子主动关心老人、病人和比自己小的宝宝，让孩子心中有爱。关心他人，善待他人，这是培养孩子对社会的责任心的基础要求。

做负责任的父母。俗话说"身教胜于言教"，没有责任感的父母无法培养出勇于负责的宝宝。父母的言行及处事方式影响着宝宝，让他们在观察中学习，在潜移默化中建立责任意识。负责任的父母应做到尊重孩子、接纳孩子，而不是动怒、指责、限制以及过分强调家长的绝对权威等；营造民主、和睦、温暖的家庭氛围；与孩子进行平等的交流，父母要认真倾听孩子的心声并积极回应和共情。

创设锻炼机会。如有意识地分派给孩子一些力所能及的简单家务劳动、引导孩子自觉遵守家庭的基本规则等，能让孩子在家庭中感到自身的价值和作用，从而产生自豪感和责任感。孩子在家里如果受到家长过多的保护和照顾，把自己放在了弱小的地位，自然也就体会不到"自己的事情自己做"中蕴含的快乐。所以，只有敢于让孩子尝试、练习，孩子才能从劳动中获得更多的乐趣，从而提升能力，提升责任感。

掌握科学的指导方法。家长一定要针对宝宝的年龄特点和家庭教育的优势，通过科学方法来指导、教育孩子学会对自己负责。

1.以赞美、鼓励为主，不要一味挑剔孩子的缺点，应该找出他们的进步加以肯定、赞美。这里所说的赞美，就是对孩子努力的认可，如"玩具整理得很好""鞋子摆放得很整齐""没抢玩具，没有打小朋友，是个好宝宝"，赞美应具体、实事求是，这能增强他们的自主意识和克服困难的勇气。

2.通过讲故事，帮助孩子树立责任意识。所有的孩子都喜欢听故事，可以采用讲故事的方法，帮助他们理解一些基本的社会及生活规范，如礼貌、守时、合作、分享、倾听等，如《"共和国脊梁"科学家绘本》。

心理小贴士

惟愿诸君将振兴中华之责任，置之于自身之肩上。

——孙中山

责任心是健全人格的基础，是心理健康发展的催化剂。培养孩子的责任心应遵循规律：从自己到他人，从家庭到学校，从小事到大事。对孩子责任心的培养应从家庭起步，从日常生活小事抓起，循序渐进，由近及远。

46

如何培养宝宝的自尊心？

冉冉的邻居璐璐来家里玩，冉冉对璐璐很好，把自己的玩具都拿出来了，但不愿割舍他最爱的遥控飞机。璐璐无意间拿起了冉冉的遥控飞机，他一把就抢了回来。这时妈妈说了一句："冉冉，璐璐是妹妹，你把飞机给妹妹玩一下又怎么样啊？"冉冉就开始撇嘴、流眼泪、哇哇大哭。3岁的冉冉一向大大咧咧，平常最多就是大声说："我生气了！"今天这样让妈妈很吃惊。后来妈妈才知道，冉冉是不喜欢妈妈在外人面前批评他。

心理解读

冉冉一向开朗，却因为妈妈在别人面前批评了他一句就大哭起来，仿佛受到了很大的伤害，如果冉冉能用语言来表达自己的内心活动，他肯定会说："请尊重我！"其实，3岁以后的孩子经常会像冉冉这样用各种行动来表达自己的心声，希望得到别人的尊重。比如，当孩子被爸妈批评"笨""不行"的时候，孩子会感觉不舒服，甚至伤心落泪；又如，当孩子热情地、专注地和大人说话，大人却不理不睬，孩子会感到失望，或愤怒地大喊大叫来引起大人的关注。

随着年龄的增长，孩子的自我意识日益显现。孩子渐渐意识到自己是一个独立的个体，其自尊心也在各种活动中逐渐形成。根据儿童自尊发展理论，形成儿童自尊的要素有3个：①重要感，指孩子在心理上渴望被别人接纳、支持的愿望；②成就感，孩子能够从活动中肯定自己的价值；③力量感，孩子能够从活动中证明自己的社会能力，产生自信心。

和大人一样，宝宝也需要被尊重，也有自尊心，得到他人的尊重也是宝宝的一种基本需要。马斯洛需求层次理论指出，人有五种天生的、层次不同的基本需要，由低到高依次是生理需要、安全需要、社交需要、尊重需要及自我实现需要。其中，尊重需要同其他低层次的需要一样，为缺失性需要，即它是人的正常发展不可缺少的。三四岁的宝宝已具有关于自己的身体特征、喜好等概念，并能在此基础上对自己进行评价，产生关于自我价值的情感体验，即自尊。如果宝宝的尊重需要得到满足，就会产生积极的情感体验，从而收获自信，不会轻易否定自己的价值；否则，宝宝的尊重需要得不到满足，就可能会承受自卑的痛苦，容易看轻自己，自暴自弃。

案例中的冉冉，正是因为觉得伤了自尊，才难过不已。孩子不喜欢在别人面前被批评，但若是当众表扬，他们倒是万分乐意，这说明孩子的自尊与他人的评价相关。孩子的自尊是在自我认识、自我评价的基础上形成的，而孩子最初的自我认识和自我评价很大程度上带有重要的人如父母、老师的影子。如果重要的人肯定孩子，孩子就倾向于积极地评价自己，获得较高的自尊；如果重要的人否定孩子，孩子就倾向于消极地评价自己，获得较低的自尊。

孩子的自尊主要体现在重要感、自我胜任感及外表感上。重要感指孩子渴望受到他人的关注和被人接纳，具体表现为想得到别人的赞美，愿意表现自己；想让别人知道自己内心的想法或感受；如果看到同伴受到表扬，会不甘示弱。自我胜任感是指孩子在学习、游戏等活动中获得成功，证明自己的能力。外表感指孩子会从自己的外貌或穿衣打扮方面获得自我价值的体现。

 应对之道

怎样保护孩子的自尊心？

尽量不当着众人的面批评孩子，而是多当众表扬孩子。比如，当孩子在众人面前做错事时，可以先用眼神"警告"孩子，之后再跟孩子单独沟通。

做孩子真诚的倾听者。比如，允许孩子参与到家庭谈话中来，倾听孩子内心的想法，这能让孩子感到自己很重要。

多给予孩子积极的评价，但要避免过度夸赞。在批评孩子时，就事论事，只针对他/她的行为，不用打击、挖苦的方式批评他/她，并让孩子知道虽然父母或老师批评了他/她，但爸爸妈妈依然是爱他/她的，只要改正错误他/她依旧是好孩子。

鼓励孩子独立完成有挑战性的任务，让孩子体验胜任感。比如，让孩子学会自己叠衣服，让孩子独自探索一个新玩具的玩法，让孩子独立做一个手工作品，等等。

坚持温和而坚定的育儿风格。研究表明，父母无条件的爱与支持会帮助孩子形成稳定的被关爱感和被重视感，这些体验会转变成孩子内在的高自尊。因此父母坚持温和、支持的养育风格，善于倾听，尊重孩子，适当关注，欣赏孩子成就的同时接纳其错误与失败，有利于孩子形成高自尊。相反，父母苛刻、忽视的养育风格，即严厉批评、打骂虐待、嘲笑戏弄、要求完美或漠不关心等会使孩子贬低自己的价值。

心理小贴士

要尊重儿童，不要急于对他做出或好或坏的评判。

——法国思想家、哲学家卢梭

47
多子女家庭如何平衡爱？

生二孩之前，妈妈原以为家里多了一位成员会更幸福，当初怀孕时老大也期待着新成员的到来，可真正过上有弟弟的生活后，老大不乐意了。最近老大听到妈妈夸赞老二就心生醋意，嘟着嘴问："妈妈你是不是不爱我了？为什么只表扬弟弟？"妈妈被问得猝不及防，立马给了老大一个拥抱，然后说："你也很棒呀！"不想老二这时却哭了起来，还直往她怀里钻，直至把老大挤出她的怀抱。

心理解读

三孩生育政策实施后，我们身边的二孩、三孩家庭也越来越常见，但生二孩甚至三孩，有时候并不只关系经济问题，如何协调好孩子之间的关系也是一个很重要的问题，毕竟这关系到宝宝的健康成长和家庭的和谐。

如果父母生二孩之前没有征求大孩的意见，或者生了二孩之后忽略了大孩的感受，很有可能会对大孩的心理造成影响。父母生二孩之前，可能想的都是两个宝宝互相陪伴、互相照顾、一起成长的美好画面，殊不知二孩家庭如果没有平衡好对孩子的关爱，就很有可能伤害到宝宝。

多子女家庭冲突的主要原因

争宠。宝宝为了获得更多的资源和父母的关注，可能会出现争夺行为。

父母偏爱。父母可能因为某些原因偏爱其中一个孩子，导致另一个孩子感到被忽视或不被重视。

经济压力。养两个孩子的经济成本更高，对于一些家庭来说，经济压力也是家庭冲突的来源之一。

教育方式不当。父母在教育孩子时，如果方式不当，如过度溺爱或严厉惩罚，都可能引发宝宝之间的矛盾。

家庭成员的相处问题。如家中老人有重男轻女思想，父母不能一碗水端平等，也可能导致孩子出现焦虑、压抑、愤怒等情绪，从而产生矛盾。

应对之道

二孩家庭中，家长要如何平衡两个孩子之间的关系？

给予两个孩子同等的爱。所谓的"一碗水端平"并不是真的做到事事平等、时时公平。孩子们争抢的实际上不是物质，而是物质背后父母给予的关注和疼爱。如果老大嫉妒父母给老二买了新的玩具车，父母不应该立马也给他/她买一模一样的玩具车，而应该告诉老大："你小的时候，爸爸妈妈也会给你买新的玩具车对吗？一会让爸爸陪你玩游戏好不好？"让宝宝意识到爸妈也是爱他/她的，再提供一份不一样的关心和陪伴给他/她，让他/她知道爸爸妈妈一样会花时间陪他/她玩耍。这就是同等的爱。家长们需要做的是给予孩子同样的关注和陪伴，而不是什么东西都买两份给孩子。

让老大多多参与老二的成长过程。现在有的二胎家庭中两个孩子年龄相差很小，所以家长担心让大宝去照顾二宝会不小心伤了二宝，还会出言警告老大不要碰老二。但是这样的做法其实是在打击老大的自尊心，同时让他/她感到不被信任和不被疼爱，慢慢他/她的内心就会产生嫉妒和怨恨，两个孩子的平衡关系也就此被父母破坏。在家庭结构中，多子女家庭属于正常的家庭结构，二宝的生活从小能有哥哥或姐姐的参与，这有利于其社会性发展，同样，从小就有照顾弟弟或妹妹的机会的大宝，社会性也能得到很好的发展。除此之外，兄弟姐妹之间的陪伴也有利于家庭关系和谐与亲密情感发展，家长们应该允许老大参与老二的成长过程，并引导他/她照顾好弟弟或妹妹，这样的教育是非常有意义和价值的。

不要强调"大让小"的观点。"做哥哥/姐姐的要让着妹妹/弟弟"，这是很多多子女家庭经常有的教育观念，父母经常在老大耳边说："你是姐姐/哥哥，让着点弟弟妹妹。"也许对于大人来说这很正常，但孩子无法理解，为什么我要把爸爸妈妈的爱分出去，为什么要让着弟弟妹妹？严重的可能会产生自卑或逆反心理，影响老大的心理健康，或导致老大偷偷欺负老二。经常要求老大让着老二，也容易让老二形成仗势欺人的习惯，在他/她的心里会认为爸妈是站在他/她那一边的，可能会习惯性地通过哭闹和撒娇来博得父母的疼爱和大宝的"忍让"。因此，没必要在家庭中强调"大让小"的观点，父母以身作则，与人友好相处，懂得包容和尊重，对孩子产生好的榜样示范教育作用更重要。

不要互相比较。"你看看哥哥多乖""你看看妹妹多听话"……这样的话可能不少家长都说过，但其实这很容易导致孩子之间的矛盾，时间久了甚至会让孩子之间产生隔阂，演变成恶性竞争。作为家长，要善于发现孩子们的不同特点并鼓励孩子发展，尊重每个孩子的独特性，尊重个体之间的差异性。

多照顾老大的感受。二孩出生后其实心理落差最大的是老大，他/她本来可以拥有全部的疼爱和关注，但是老二出生后这份爱却要一分为二甚至更多，其中的心理落差大人都可想而知，更别说尚且年幼的宝宝。因此老二出生后家长也要多照顾老大的感受，每天抽一些固定的时间单独陪伴老大，让老大感受一份只属于他/她的爱，接收来自家人的爱。

给孩子提供独处的空间。给孩子提供独处的空间，让爱在两个孩子之间流动。感情都是在互相陪伴中培养的，孩子之间也是，家长平时可以尽量多为孩子创造一些独处的空间，让两个孩子一起相处，多一些了解，共同克服困难、加深情谊。当然在相处的过程中难免会有一些矛盾，但只要不是大问题，尽量让孩子自己解决，家长可以给予一些适当的引导，让孩子们学会自行化解矛盾，友好相处。

夫妻合作陪伴孩子。我们经常会看到妈妈一边在喂老二喝奶，一边在安抚老大的情绪，而爸爸在做什么？有的爸爸或许在看电视，或许在打游戏，总之就是不参与照顾宝宝的活动。妈妈们的心里也很无奈，也分身乏术，这时候爸爸的配合就很关键了。一个家本就是需要夫妻双方共同经营的，养育宝宝更是两个人的责任和义务。在二孩家庭中，只有夫妻配合好，才能平衡好两个孩子的关系。

当妈妈在哄老二时，一旁的爸爸若是能带着老大一起看故事书，试问老大还会觉得爸爸妈妈不爱他/她吗？当爸爸在陪老大打球时，一旁的妈妈若是能带着老二去散散步，试问老二还会撒娇求关注吗？多子女家庭中决定孩子发展好坏的其实是父母的教养方式和行为态度。当夫妻能合作照顾两个孩子、陪伴到位时，两个孩子的关系自然就会平衡了。

心理小贴士

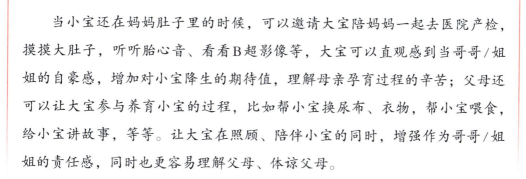

当小宝还在妈妈肚子里的时候，可以邀请大宝陪妈妈一起去医院产检，摸摸大肚子，听听胎心音、看看B超影像等，大宝可以直观感到当哥哥/姐姐的自豪感，增加对小宝降生的期待值，理解母亲孕育过程的辛苦；父母还可以让大宝参与养育小宝的过程，比如帮小宝换尿布、衣物，帮小宝喂食，给小宝讲故事，等等。让大宝在照顾、陪伴小宝的同时，增强作为哥哥/姐姐的责任感，同时也更容易理解父母、体谅父母。

宝宝喜欢问"我从哪里来"，该如何回应？

果果是一个4岁的小男孩，他最近特别喜欢问爸爸妈妈："我从哪里来？"爸爸妈妈不知道如何回答，就开玩笑地告诉果果："你是充话费送的。"不料果果信以为真，逢人就说自己是充话费送的，爸妈哭笑不得。

心理解读

"我是从哪里来的？"这是三四岁的宝宝最喜欢问家长的一个问题。这个问题意味着小朋友开始了对自己生命来源的探索，如果不给他们一个答复，他们就会更加好奇并刨根问底。很多时候，宝宝最终得到的答案五花八门："你是充话费送的！""你是大石头缝里蹦出来的！""你是鱼塘里跳出来的！""你是我从垃圾桶里捡来的！"不少宝宝对此深信不疑，但这些回答可能会伤害他们天真幼小的心灵。比如，当宝宝相信自己是被捡来的或是送的，他们就会觉得自己是被抛弃的，一点也不重要，甚至怀疑爸爸妈妈是否真心爱自己，这不利于宝宝自尊的发展，也容易造成宝宝缺乏安全感。

"我从哪里来"的发问是幼儿探究世界、认识自我的自然表现，也预示着他们的自我意识逐渐觉醒。宝宝开始有了"我"的概念，正渴望着认识自我。

2岁左右的宝宝的自我意识会发生一次质的飞跃，他们不仅具有了主体我的意识，还开始获得客体我的意识，会将自己当作一个与他人不同的、独立的对象，如能够认识到自己独特的样貌，具有较完整的"我"的概念的宝宝也积极开启了对自我的探索。这个问题也反映了宝宝思维的发展，因为不同于"我长得怎么样""我表现得怎么样"之类的比较具体的问题，"我从哪里来"这个问题更加抽象，说明幼儿阶段的宝宝开始有抽象思维的萌芽，这也使得宝宝对自我的积极探索变得更加深入；此外，这个问题还表现出宝宝拥有强烈的好奇心，随着宝宝生活经验的丰富，他们常常会注意有关生命的现象，如看到小鸡从鸡蛋里孵出来、小苗从地里破土而出等现象。"我从哪里来"的问题，表现出孩子对生活经验领域的关注。

应对之道

家长要如何回答宝宝提出的"我从哪里来"的问题？

要回答好这个问题，家长的态度最重要。

接纳宝宝对"我从哪里来"的好奇心。宝宝年纪虽小，但对什么都想问个究竟。显然，宝宝并未意识到这是个与"性"相关的问题，当宝宝问这个问题的时候，家长不要讥笑或斥责宝宝，不要让宝宝感到这个问题是"可耻"的。

不要回避这个问题。面对提问，传统的回答如"等你长大以后再告诉你""去问你妈"等，会使宝宝产生疑惑："为什么爸爸妈妈不肯回答这个问题？这是不是羞耻的事或见不得人的坏事？"家长不应闪烁其词，更不要跟宝宝开那些对他们来说"很无情的玩笑"，而应实事求是、坦然平静地回答，满足宝宝的好奇心和求知欲。

早做准备，正确回答。宝宝与父母讨论这个问题是难以避免的，需要大人和宝宝之间坦诚交流，为了能用最恰当的方法解释它，家长最好事先有所准备。

那这个问题该如何回答呢？这里提三条建议供家长参考：

有问必答。 根据宝宝的认知水平来回答这个问题，站在宝宝的角度，用宝宝的语言告诉他们正确的答案。宝宝需要的答案并不是百科全书那样精准的论述，而是符合孩子认知水平的、形象化的解释，让宝宝听明白，不失落，有归属感。如"你是从妈妈肚子里出来的，因为你很重要，所以我们把你带到这个世界"。

答完即止。 爸爸妈妈不用顾虑宝宝会不会问到一些很深的问题，最有效的处理原则就是"宝宝问什么，爸妈答什么"。回答后是否继续深入讲下去，取决于宝宝是否继续问问题。如宝宝问"我是从什么地方生出来的"，可以回答"你是在妈妈肚子里长大后生出来的"。这样说，宝宝就容易理解，并可把妈妈怀孕的照片给他/她看或让他/她观察其他孕妇，让宝宝有整体感、形象感。

答有所依。 可以和宝宝一起观看幼儿绘本、幼儿性教育动画短片等，通过故事、动画的形式让宝宝明白孕育生命的过程，同时引导宝宝形成优良的品质、引导宝宝感受爱的能量。这样不仅可以缓解家长给宝宝讲解时的尴尬，还能让宝宝为自己的出生和到来感到自豪。

心理小贴士

随着年龄的增长，孩子对自己生命的追寻会越来越频繁，对生命的起源也具有强烈的好奇心。面对探求欲很强的孩子，父母不要总是压制孩子，而应该以良好的态度对待孩子。否则孩子很好奇，而父母却遮遮掩掩，必然导致孩子更加好奇。

宝宝喜欢摸自己的"小鸡鸡"，该如何引导？

球球两岁多了，没事的时候总喜欢拨弄自己的"小鸡鸡"，还会勃起……这可如何是好？妈妈看了哭笑不得，难道宝宝这么小就学会了"耍流氓"？

糖糖四岁，好几次洗澡的时候，妈妈都发现她在玩自己的私处，妈妈感到既着急又尴尬……

心理解读

案例中的场景，新手爸妈们是不是似曾相识？有的爸妈心急，会用威胁打骂的方式来制止宝宝，结果收效甚微，宝宝后续还会躲着爸妈"玩"。宝宝的这些"羞羞的癖好"正常吗？爸妈该如何引导呢？

抚摸、刺激自己的生殖器，在心理学及医学上称为"自慰"，"自慰"现象可以出现在不同的年龄段。

弗洛伊德的精神动力学理论认为，人格发展经历5个阶段：第一阶段是口唇期，在这个阶段，人的性感觉出现在口唇器官；第二阶段是肛门期，人在大小便时有愉快感；第三阶段是性器期，年龄大约是3—6岁，男孩女孩对生殖器表现出好奇心，常会用手玩弄生殖器；第四阶段是潜伏期，约6—11岁（男女略有差异），性心理发展相对平稳，性冲动被压抑；第五阶段为生殖期（青春期），约12岁至成年，此阶段人的性机能基本成熟。可见，3—6岁的男女宝宝都会关注性器官，也可能会有抚摸、玩弄性器官的行为，这种无意识的行为又可能引发性器官的愉悦感，导致类似的行为更加频繁，这是宝宝成长过程中的正常现象，过了这个阶段，这种行为一般都会消失，家长不必过分焦虑。宝宝摆弄生殖器的行为固然会让大人尴尬，但这些行为往往都只是出于好奇，家长觉得是"耍流氓"甚至是"羞耻"，都是成人给宝宝的行为贴上的标签而已。

 ## 应对之道

家长如何引导宝宝改变频繁"自摸"的习惯？

面对宝宝的这些行为，这两种应对方式是绝对不建议爸妈去做的：

一是反复强调，有的爸妈会反复提醒宝宝"不要摸""不准摸"，这样不但没有效果，反而会强化这个事情在宝宝潜意识中的重要性，越发刺激宝宝去尝试；

二是粗暴制止，有的爸妈会用语言指责宝宝"你这样做多丢人呀"，甚至通过打手打屁股来制止孩子，这样会让宝宝产生恐惧心理，对性器官产生恐惧，影响往后正常的性认知。

如果宝宝"自摸"很频繁，或不分场合"自摸"，家长可以从以下5个方面来引导宝宝。

转移注意力。当我们发现宝宝摆弄自己的生殖器的时候，可以对宝宝说："我有一个很有趣的游戏，你要不要一起玩？"或者拿出小玩具，也可以给孩子看看动画片，吃个小点心什么的，来转移宝宝的注意力，防止养成不良的习惯就可以了。要注意的是，转移注意力时要温柔而坚定，不要过于惊恐和担心，切忌随意给宝宝贴上"下流"的标签，不然宝宝会感到爸妈对自己的行为是介意的，会敏感地捕捉到那份恐惧，可能造成宝宝的逆反和导致他们对生殖器更加执着，或者产生自卑心理。

适时进行性教育。爸妈大可放开心态，和宝宝一起去聊聊性或者帮助宝宝认识性，让宝宝知道性是一件最正常不过的事情，既不神秘也不可怕，如对3岁以下的宝宝，可以利用亲子共浴的时机，让宝宝知道自己的身体及异性的身体是什么样的，让宝宝逐渐消除好奇心；3岁以上的宝宝已经开始有了羞耻感和隐私的概念，可以利用同性亲子共浴的时机，聊一聊为什么同性大人的身体和小宝宝不一样，并告诉宝宝"等你长大后就会变成这样了，不用担心和着急"。也可以和宝宝讲道理，告诉宝宝不能在公共场合探索身体，保护自己的隐私。

尽量防止宝宝赖床。特别是早上，应让宝宝醒来后立即起床，晚上不要让他/她过早上床；如果宝宝躺在床上没睡着，可以让他/她把手放在被子外面，对有"自摸"行为的宝宝，可以在他/她睡觉时，在他/她手上放一个他/她喜欢的玩具，这时候家长最好陪着孩子，跟他/她讲讲故事说说话，分散孩子的注意力。

注意宝宝衣着。不要给宝宝穿太紧身的裤子，应力求宽松，因为紧身裤子容易摩擦宝宝的性器官，诱发宝宝产生玩弄性器官的行为；也尽量不要给宝宝穿开裆裤，因为长期裸露生殖器，宝宝可能会频繁抚摸把玩生殖器，不卫生不说，还可能因此吸引旁人异样的目光。

给宝宝讲道理。宝宝年龄虽小，但家长还是可以跟宝宝讲一讲不要玩性器官的道理，建议从卫生方面强化宝宝的意识，比如可以跟宝宝说："宝宝手脏，不能玩小鸡鸡，会生病的哦！"

心理小贴士

　　如果宝宝由于"自慰"出现了一定的心理或者身体病症，我们还是需要提高警惕，防范不必要的危险发生，如出现下列情况，要及时咨询专业的医生和机构：

　　（1）宝宝不断抓自己的下体或者生殖器红肿流血，可能是局部感染或疾病；

　　（2）宝宝5岁后仍在公共场合"自慰"；

　　（3）转移注意力无果，行为更加频繁、激烈。

宝宝喜欢一起玩"扒裤子"游戏，这该如何是好？

快5岁的苗苗，是个很乖的女孩。最近在幼儿园竟然与其他小朋友玩起了"扒裤子"和"掀裙子"游戏。在这类游戏中，苗苗好奇地往男孩的裤子里面看，而其他男孩也会掀她的裙子，并睁大眼睛往里面看。在这种情境中，小朋友之间玩得十分起劲、默契，彼此没有什么介意和尴尬，似乎一切都是那么自如、坦然。这是怎么回事啊？

心理解读

一般来说，2—6岁的宝宝会对自己的性别产生强烈的好奇心与探索欲，他们会问"为什么我有小鸡鸡？""为什么他有小鸡鸡，我没有？"等在成人看来"直接"而"生猛"的问题，他们甚至开始喜欢抚弄自己的性器官，往往搞得家长不知所措。家长要知道，宝宝不仅会对自己的性别特征好奇，还会对别人的性别特征兴趣十足。有些宝宝会试图查看或抚摸别人的性器官；有些宝宝在与父母洗澡或游泳时会睁大眼睛注视甚至抚摸父母的性器官，或者问"妈妈身上两个圆圆的豆豆是什么？为什么我没有？"之类的问题。

其实，上述的现象不奇怪，因为宝宝注视或抚弄自己的性器官，是他们想要弄清楚自己作为一个男孩或女孩有什么不一样，宝宝"扒裤子"等行为也是性别恒常性发展的正常现象。性别恒常性并不复杂，指的是无论时间或者人的穿着打扮怎么改变，人们对性别的认识是不会变的。通常，宝宝2岁时，有了初步认识自己性别的能力，这意味着他们悄然走进了男孩或者女孩的世界，但是，他们对性别的认识能力还未形成；宝宝3—4岁时，慢慢地知道自己的性别在其一生当中是不会发生变化的；宝宝5—6岁时，才能够认识到别人的性别也与自己的性别一样，是不会发生变化的，即男的就是男的，女的就是女的，与穿什么衣服、梳什么发型或佩戴什么饰物无关。宝宝这时候真正有了关于"性别不会变化"的认识，获得了性别恒常性。而宝宝在发展性别恒常性的过程中，不是被动地等待，而是像"好奇宝宝"一样，东瞧瞧、西望望、左摸摸、右碰碰……他们就这样在不断探索的过程中编织着关于自己和他人性别的概念，并最终将这个概念纳入自己的社会认知体系中。宝宝在这样认识世界的过程中，就会出现苗苗那样的行为。

我们来看一个实验，心理学家选择了数名3—5岁的宝宝来完成如下实验。第一步，让宝宝看一张裸体小男孩和裸体小女孩的照片，然后询问宝宝是否认识男女的性器官；第二步，同样给宝宝看这些小男孩和小女孩的照片，但照片里的人穿上了衣服，有的照片里的小孩穿的衣服跟他们的性别相符，有的则不符合。结果发现，有大约40%的宝宝能够正确辨认穿了男宝宝裤子的女孩或者穿了女宝宝裙子的男孩；在能认识性器官的宝宝中，有60%的宝宝能正确回答问题，而在不认识性器官的宝宝中，仅有10%的宝宝能正确回答问题。这说明，宝宝了解性器官，是有助于他们辨别性别的。

讲到这里，家长应该能明白苗苗那样玩"扒裤子"游戏的原因了。所以，对此我们不要紧张惊讶，也不要"扩大事态"，而要用平常心对待。

应对之道

家长该如何对待孩子的性游戏？

为了尊重宝宝的自然成长，一旦出现类似的情况，家长可以采用以下方法。

保持平常心态。当宝宝玩"扒裤子"或者"掀裙子"的游戏时，家长不要对这个行为视而不见或过分紧张，要用宝宝可以理解的语言与方式去禁止。在宝宝对性别没有产生恒定的概念之前，家长要允许他们对生殖器官产生好奇，绝不能用"羞羞"等字眼挖苦他们。性游戏是孩子性心理发展的产物，与道德无关，责备或贬损易让孩子构建对性不健康的羞耻感。

科学引导。等宝宝对性别有了恒定的认识时，家长可利用生活中的机会，如洗澡、睡觉时帮助宝宝认识身体，使宝宝对生殖器官的了解更多。当宝宝对性知识有了一些了解后，家长可以告诉他们衣服的作用之一是保护隐私，宝宝之间不能互相随便地扒看或乱掀衣裤。

积极沟通。一旦得知宝宝在幼儿园玩性游戏，父母要积极与老师沟通，采取温和的方式，正确引导，助力孩子健康成长。

教育防范。为了对孩子更好地进行性教育，家长可以利用图书对幼儿进行性教育。目前市面上有很多关于性教育的儿童读物，那些情节生动有趣、画面精美形象、寓趣味性和科学性于一体的图画书，既符合幼儿学习的年龄特点，又能够妥善地把握性教育的尺度，可以成为家长的好帮手。例如，关于身体器官的《呀！屁股》《小鸡鸡的故事》，关于生命形成的《小威向前冲》《我从哪里来》，关于性别差异的《萨琪有没有小鸡鸡》《我们的身体》，关于自我保护的《不要随便摸我》《不要随便亲我》等。

心理小贴士

　　了解孩子性心理发展的正常表现，将有助于我们丢掉保守教育下的心理包袱，敏锐地发现孩子发展的踪迹，及时提供必要的帮助。如今，大众传媒的发达使我们处于一个与性相关的信息日益开放的时代。今天的孩子们接触相关信息的渠道和机会要多得多，同时遭遇性侵害的风险也更高。因此，对孩子进行系统的早期性教育显得尤为重要。

参考文献

[1] 赵忠心.家庭教育学：教育子女的科学与艺术[M].北京：人民教育出版社，2001.

[2] 王建平.变态心理学[M].北京：高等教育出版社，2005.

[3] 钱铭怡.心理咨询与心理治疗[M].北京：北京大学出版社，2003.

[4] 陈帼眉，冯晓霞，庞丽娟.学前儿童发展心理学[M].北京：北京师范大学出版社，2013.

[5] 刘新学，唐雪梅.学前心理学[M].2版.北京：北京师范大学出版社，2014.

[6] 林崇德.发展心理学[M].3版.北京：人民教育出版社，2018.

[7] 艾丽西亚·利伯曼.婴幼儿的情绪世界：建立原生家庭中的安全关系[M].何子静，译.北京：中国轻工业出版社，2022.

[8] 彭华民.人类行为与社会环境[M].北京：高等教育出版社，2014.

[9] 蔡仲淮.儿童焦虑心理学[M].北京：中国纺织出版社有限公司，2020.

[10] 让－米歇尔·奎诺多.驯服孤独：对分离焦虑的精神分析[M].杨方峰，等译.北京：中国轻工业出版社，2020.

[11] 甘开全.儿童情绪管理全书[M].苏州：古吴轩出版社，2018.

[12] 凯伦.依恋的形成：母婴关系如何塑造我们一生的情感[M].赵晖，译.北京：中国轻工业出版社，2017.

[13] 武志红.自我的诞生[M].北京：新星出版社，2022.

[14] 李少聪.嫉妒心理学[M].北京：文化发展出版社，2021.

[15] 冯夏婷.幼儿问题行为的识别与应对：给家长的心理学建议[M].2版.北京：

中国轻工业出版社，2018.

[16] T.贝里·布雷泽尔顿，乔舒亚·D.斯帕罗.应对孩子的愤怒与攻击[M].严艺家，译.北京：化学工业出版社，2018.

[17] 潘鸿生.给孩子的第一本情绪管理书[M].北京：北京工业大学出版社，2022.

[18] 刘灵.儿童情绪教育戏剧理论与实务[M].南昌：江西人民出版社，2019.

[19] 唐糖.做情绪稳定的父母：你就是孩子的原生家庭[M].天津：天津人民出版社，2021.

后记

当我们终于为这套"每天学点心理学"丛书画上句号时，心中感慨万千。

时间回到2021年11月19日，江西省平安建设领导小组办公室与江西师范大学共建的"江西省社会心理服务体系建设研究中心"正式揭牌。这是江西省社会心理服务工作的一件大事，中心的顺利揭牌令人欢欣鼓舞、倍感振奋。江西省委政法委对中心工作提出了发展方向，指出社会心理服务的工作要深入基层社区，走进居民群众，把心理服务这篇大文章写好、写精彩。由是，编写一套面向民众的心理科普知识手册列入工作日程。2022年4月，在完成前期调研的基础上，编写专家团队正式成立，开启了编写工作，这也是"每天学点心理学"丛书的缘起。

江西拥有着悠久的历史文化与深厚的人文情怀。进入新时代，江西在推进社会心理服务上取得了一系列成绩：积极探索了与经济社会发展相适应的社会心理服务体系建设模式，完成了赣州市作为全国社会心理服务体系建设试点工作，启动"966525"社会心理服务热线为群众提供心理疏导和心理危机干预等。江西省社会心理服务体系建设研究中心的成立，更是为开展社会心理服务理论和实践研究提供了一个重要的平台。目前，中心已成立两支专家队伍，在编撰出版心理科普读物、开展社会心理知识宣传、网格员心理培训与疏导、研究并构建特殊人群教育转化的干预策略、开展民事转刑事的矛盾化解规律研究、撰写决策咨询报告等方面进行了大量工作。

本手册即为"每天学点心理学"丛书之一，集中反映了家长在养育婴幼儿时面临的典型心理困惑，并提出了应对策略，凝聚了所有作者的集体智慧。本手册是在刘玲玲老师的带领下，组织白素英、刘灵、罗岚、严云芬、刘小霞同志一起完成编撰工作，刘玲玲负责全书的统稿工作。

在编写过程中，也借鉴了国内外诸多专家的文献，吸收了他们关于心理健康的真知灼见，在此一并致谢。同时感谢在编写过程中给予帮助的所有人。

参编人员也深知，纵然精心编写，疏漏在所难免。希望各位读者朋友在阅读过程中能够不吝赐教，提出宝贵的意见和建议，帮助我们不断完善和提高。

编者

2024年12月